사춘기
멘탈 수업

사춘기 멘탈 수업

1쇄 2023년 7월 7일
5쇄 2024년 7월 1일

지은이 박상윤

발행인 주은선
펴낸곳 봄빛서원
주 소 서울시 강남구 강남대로 364, 12층 1210호
전 화 (02)556-6767
팩 스 (02)6455-6768
이메일 jes@bomvit.com
홈페이지 www.bomvit.com
페이스북 www.facebook.com/bomvitbooks
인스타그램 www.instagram.com/bomvitbooks
등 록 제2016-000192호

ISBN 979-11-89325-11-4 03590

ⓒ 박상윤, 2023

10대의 공부마음을 잡는 부모 필독서

사춘기 멘탈 수업

박상윤 지음

봄빛서원

추천사

과학고와 하버드대학교에서 만난 친구들은 뛰어난 학습 능력을 습득하기 전에 어려서부터 밝고 건강한 공부마음을 가진 이들이었습니다. 대학 부설 영재원에 합격한 우리나라 초등학생은 고등학교 수학·과학 문제를 척척 풉니다. 뭘 더 해야 좋으냐고 묻는 학부모들에게 공부마음을 관리하라는 조언과 함께 이 책을 추천합니다. 10대의 생활 습관은 삶의 태도가 되고 부모와 친구관계는 인성과 사회성이 됩니다. 자기 주체성과 주도력, 자기 관리와 자기 절제, 스트레스 관리 능력은 인생 멘탈이 됩니다.『사춘기 멘탈 수업』은 아이의 인생 경쟁력을 키우는 부모의 필독서입니다.

———————————————————— ★ **금나나** 동국대 과학영재교육원 원장

공부도 운동도 일도 세상 모든 일은 멘탈에서 승부가 납니다. 특히 사춘기때의 학습 멘탈은 미래를 결정합니다. 시험을 준비할 때, 시험 당일에, 시험을 본 후에 아이들이 공통적으로 가장 힘들어 하는 것은 바로 멘탈 관리입니다. 공부법과 입시 정보도 아이의 멘탈이 기반이 되어야 빛을 발합니다.『사춘기 멘탈 수업』은 아이의 건강한 멘탈을 위한 부모의 역할을 구체적으로 알려 주고 청소년에게 닥친 현실적인 필요를 채워 줍니다. 학습 고민과 관계 갈등 등을 해결하고 사춘기의 여러 시행착오를 줄이는 데 좋은 길잡이가 될 것이라 확신합니다.

———————————————————— ★ **이병훈** 이병훈청담에듀컨시어지 대표

초등학교 저학년은 이춘기, 고학년은 삼춘기, 중학교는 사춘기라는 우스갯소리가 있습니다. 그만큼 학부모들의 실제적인 고민을 담은 말입니다. 부모가 사춘기 변화를 미리 알아 두는 일은 아이가 선행학습을 하는 것보다 중요합니다. 이 책은 저자의 다양한 현장 상담 경험과 지혜로 아이에 대한 객관적인 이해를 높여 줍니다. 아이의 마음 건강부터 생활 관리, 학습 코칭까지 공부 정서를 안정시키는 유익하고 실제적인 정보로 가득한 멘탈 솔루션,『사춘기 멘탈 수업』을 추천합니다.

———————————————————— ★ **이진구** 서울 대광초 교사

수학은 끝까지 붙잡고 답을 내는 과목이라 근성과 끈기가 필요합니다.『사춘기 멘탈 수업』은 부모가 아이의 멘탈을 끌어 올릴 검증된 행동 지침과 방향성을 제시합니다. 사춘기 공부로 힘들어 하는 아이들에게 한줄기 빛과 같은 소중한 책입니다. 입시 수학은 끝이 있습니다. 이 책을 통해 모두 힘든 과정을 극복하고 그 끝에 도달하기를 기대합니다.

———————————————————— ★ **이철용** (주)이츠에듀 이것이 수학이다 본원 원장

한 치 앞도 모르는 불확실한 미래에 아이를 키우는 것은 두렵고 막막한 일입니다. 어른이 되어서 힘든 상황을 잘 헤쳐 나가려면 마음이 단단한 아이로 키워야 합니다. 요즘 시대의 멘탈은 악착같은 오기를 뛰어넘어 다방면의 유연하고 건강한 마음 에너지입니다. 이 책은 부모가 그 에너지를 사춘기 자녀에게 어떻게 전해줄지에 대한 검증된 방법을 알려 줍니다. 아이들이 인생에 한 번뿐인 10대를 후회 없이 잘 보내도록 지지하고 응원합니다.

_____ ★ **김학수** 시너지온 대표, 전 하나고 진학부장

이 책은 인생에서 질풍노도의 시기에 있는 자녀를 키우는 부모라면 꼭 알아야 할 객관적인 정보를 담고 있습니다. 사춘기에 나타나는 변화와 학습 문제, 학교와 가정에서 겪는 갈등의 원인과 해결책을 쉽고 공감할 수 있게 썼습니다. 아이와의 관계로 힘들어 하는 부모들에게 길을 안내하는 나침반과 같은 책입니다.

_____ ★ **이민희** 희망숲심리상담센터 소장

교육 유튜버로 많은 학부모들과 소통하고 있습니다. 그중에서도 가장 많이 듣는 이야기는 사춘기 아이의 공부 고민과 교우관계 문제입니다. 이 책은 사춘기 자녀를 둔 부모의 현실적인 고민을 풀어 줍니다. 힘들 때마다 찾아보며 도움을 받을 수 있어서 소장 가치가 높습니다. 따뜻한 조언과 실제적인 문제 해결의 지혜를 알려 주는 이 책을 적극 추천합니다.

_____ ★ **유리스마** 교육 유튜브 채널 유리스마 운영자

내 품 안에서 울고 웃던 사랑스런 아이가 사춘기가 되니 방문을 '탁' 닫고 들어갑니다. 엄마의 마음은 철렁 내려앉았습니다. 박상윤 원장은 아이와의 관계가 뜻대로 되지 않아 힘들 때 불안하고 걱정스런 마음을 위로해 주었습니다. 상황에 맞는 명쾌하고 현실적인 조언은 아이와의 관계 회복에 큰 도움이 되었습니다. 이 책을 읽으면 사춘기 육아의 답답함이 시원하게 풀립니다. 부모로서 아이의 입장에서 상황을 바라보아야 한다는 말에 깊이 공감합니다. 갈등과 싸움 대신 이해와 소통을 경험하게 하는 책입니다.

_____ ★ **임명선** 사춘기 두 아이의 엄마

여는 글

사춘기의 핵심은 기승전, 멘탈이라고 해도 과언이 아닙니다. 하루하루를 견디는 일상부터 큰 시험의 결과까지 멘탈에서 승부가 납니다. 아이와 함께 생활하는 부모도 상황은 같습니다. 상담 현장에서 아동 청소년 내담자와 부모들에게 가장 많이 듣는 말도 멘탈입니다.

멘탈mental은 영어 뜻 그대로는 정신력이지만 '사춘기 멘탈'은 다양하고 총체적인 힘입니다. 모든 과정부터 결과까지 끌고 가는 에너지입니다. 멘탈은 상황에 따라 다양하게 표현됩니다. 공부할 때는 회복 탄력성, 교우관계와 가족관계에서는 마음의 힘, 어떤 상황을 뚫고나갈 땐 문제 해결 능력으로 쓰입니다.

사춘기 아이와 부모가 가장 원하는 것이 무엇인지 아세요? 바로 싸우지 않기입니다. 싸움의 원인은 미움이 아닙니다. 서로 잘 알지 못하는 상태에서 오해가 쌓이기 때문입니다. 사춘기가 되면 발달 과정상 신체, 정신, 마음의 3박자에 균형이 깨진다는 점을 기억해 주세요. 어려운 공부와 교우관계로 짜증이 늘고 자율성이 커지면서 의심 없이 받아들였던 부모의 말에 의구심이 생깁니다. 자연스럽게 따져 묻는 아이의 화법에 부모자녀 관계는 예전처럼 편안하지 않고 갈등이 싹틉니다.

어느 날 제가 근무하는 학습 상담 센터에서 심리 관련 유튜브 방송을 했습니다. 사춘기 편에서 수많은 질문과 고민이 쏟아졌습니다. 부모와 자녀의 관계 갈등, 교우관계 문제로 인한 학교생활 부적응, 평소 실력만큼 성적이 안 나오는 시험 불안, 이성 문제 등 답답한 마음과 힘든 사연을 마주하면서 안타까웠습니다.

사춘기 자녀의 문제는 유아기·아동기와 달리 온라인 커뮤니티 맘 카페 선배 맘들의 조언으로 해결할 수 없습니다. 아이에 따라 그 정도와 모습이 천차만별이고 잘못된 상식은 통하지 않기 때문입니다.

사춘기의 현실은 공부와 교우관계를 떠나 이야기 할 수 없습니다. 부모의 역할을 배우고 가족이 함께하는 생활에서 잘못된 부분은 바꿔야 합니다. 다각적이고 통합적인 관점으로 바라봐야 해결할 수 있어서 전문적인 지식이 필요합니다.

『사춘기 멘탈 수업』은 사춘기 아이들의 현실 문제와 고민 해결에 도움을 주는 내용을 선별했습니다. 감정과 소통, 친구와 연애, 공부와 시험, 가족이라는 핵심 키워드를 중심으로 학습 고민을 풀어 줍니다. 부모 입장에서 볼 땐 교우관계처럼 별일 아닌 듯한 일이 아이의 자존감과 행복감을 결정하기도 합니다. 자녀와 자주 갈등하는 일상의 문제에 구체적이고 실제적인 솔루션을 제시합니다. 독자의 이해를 돕고자 상담 현장의 생생한 사례를 개인정보 노출 없이 각색하여 담았습니다.

사춘기 자녀를 키우는 부모는 하루에도 몇 번씩 화를 참다가 어느 날 사소한 일로 분노를 터뜨립니다. 상한 마음으로 내뱉은 말은 아이의 자존감에 비수를 꽂습니다. 아이도 부모에게 못된 말을 부메랑으로 되갚기도 합니다. 서로 진심이 아닌 날카로운 말로 상처를 주고 죄책감에 시달립니다.

이 책은 부모가 자녀 입장에서 입체적으로 아이의 마음과 상황을 살피고 도움을 줄 수 있게 안내합니다. 솔직하고 건강한 의사

소통의 방법을 알려 줍니다.

　사춘기는 진로를 결정하고 준비하는 인생에서 가장 중요한 시기입니다. 사고력과 자기 성찰 능력이 발달하는 때라 적절한 자극과 도움을 받으면 미래를 위한 힘찬 전진을 할 수 있습니다. 반대로 사춘기를 제대로 이해하지 못하고 방황하면 그동안 쌓은 공든 공부가 무너집니다. 학습 공백과 유실로 이어지면 회복하기 어렵습니다.

　사춘기 부모는 자녀의 공부 정서를 건강하고 안정적으로 이끌어 주는 역할을 해야 합니다. 이때 학습에 필요한 검증된 지식과 현실적인 조언을 드리려고 합니다.

　사춘기를 누구나 겪는 시기로 가볍게 넘길 수 있지만 개인의 삶에서 그 무게와 중요성은 생애 어떤 주기보다도 크다는 사실을 잊지 마세요. 사춘기를 어떻게 보내느냐는 성인이 되었을 때 신체적·정신적·심리적으로 결정적인 영향을 미칩니다. 인생을 준비하고 삶을 이끌어 가는 태도와 능력이 결정되기 때문입니다.

　먼저 책을 읽기 전에 사춘기에 대한 부정적인 이미지를 내려놓으세요. 아이에 대해 배우려는 열린 마음을 갖길 바랍니다. 자녀의 변화를 긍정적으로 받아들이는 마음의 준비가 가장 중요합니다. 그 마음만 있다면 어떤 변화도 모두 이겨 낼 수 있습니다. 생후 3년처럼 사춘기는 아이에서 어른이 되는 인생 제2의 필수 발달기입니다. 총체적인 관점으로 아이를 바라봐야 합니다. 몸과 마음의 급성장기로, 학습관리, 학교생활과 교우관계, 가족을 따로 보면 사춘기의 역동성을 이해할 수 없습니다. 모두가 상호 밀접하게 유기적으로 맞물려 돌아갑니다.

부모인 자신의 모습도 한번 살펴봐 주세요. 아이가 사춘기를 겪을 때 부모는 중년기입니다. 엄마는 심각한 갱년기를 경험하고 아빠는 은퇴 불안으로 극심한 스트레스에 힘들 수 있습니다. 그렇지 않더라도 변한 아이의 모습에 적응하는 어려움, 공부 걱정으로 커지는 불안은 부부싸움으로 이어집니다. 자녀뿐 아니라 부모인 나 역시 힘들고 예민한 때입니다. 스스로 마음을 돌보고 가족 모두가 서로를 이해하고 보듬어 줘야 합니다.

누구에게나 변화는 두렵고 불안합니다. 변화의 과정과 원인을 알면 해결의 실마리를 찾을 수 있습니다. 『사춘기 멘탈 수업』은 사춘기에 엉킨 실타래를 푸는 열쇠가 될 것입니다.

애벌레는 '탈피'라는 고통스러운 시간을 거쳐 '나비'가 됩니다.

아이들도 미숙한 아동기에서 각자의 개성과 능력을 가진 아름다운 나비, 성인으로 재탄생하기 위한 성장통을 겪고 있다는 관점으로 바라봐 주세요.

이 책이 성장과 성숙의 시간을 함께 견디는 데 힘이 되길 바랍니다. 나비가 되려고 몸부림치는 아이들, 이 세상 모든 부모님과 가정을 축복하고 응원합니다.

박상윤

차례

감정·소통 편

○ 반항도 방황도 아닌 발달기 ○

친구 편

◌ 관계 자존감이 성적보다 중요하다 ◌

연애 편

○ 득보다 실이 크다 그래도 한다면 똑똑하게 ○

공부 편

○ 부모의 무관심은 답이 아니다 학습 가이드라인을 잡아 주자 ○

시험 편

◦ 시험을 잘 보는 공부마음 관리 ◦

가족 편

○ 가정 안에 답이 있다 ○

감정·소통 ^편

반항도 방황도
아닌 발달기

사춘기는
중2병이 아니다

"이 녀석은 사춘기가 몇 년째야? 중2를 지난 지가 언젠데 왜 사춘기가 안 끝나는 거야? 아들 때문에 힘들 때 딸래미가 달래주고, 공부도 열심히 해서 참을 만했는데, 요즘에는 딸도 싸가지 없이 말대답하고, 내가 정말 무슨 낙으로 살아야 하니? 딸은 초4인데 애도 사춘기야?"

얼마 전 중3과 초4 나이 차이가 꽤 나는 아들과 딸을 키우고 있는 친구에게 전화가 왔는데 땅이 꺼질 듯한 한숨과 하소연을 쏟아 놓았어요. 상담을 하다 보면 사춘기는 초등 자녀를 둔 부모에게는 막연한 두려움으로, 중등 이상 자녀를 둔 부모에게 훈육 고민으로 자주 등장합니다.

　'어떤 아이는 성적이 떨어지고 비행까지 하는 애들도 있다는 데' '혹시 우리 아이가 그렇게 되면 어쩌지?' 부모라면 막연하고 불안한 마음이 드는 게 당연합니다. 우리가 한번 생각해 봐야 하는 점은 '사춘기'에 대한 '~카더라' 풍문이 과연 정확한 정보인가 하는 것입니다. 사춘기가 무엇인지, 왜 오는 건지, 사춘기 위기는 어떻게 이겨내야 하는지에 대한 지식이 부족하기에 그것을 이해하려면 배워야 합니다. 이제 사춘기 아이를 이해하는 흥미진진한 여정을 함께 떠나 봐요.

미친 사춘기는 피크일 뿐
사춘기는 생각보다 길다

'적을 알고 나를 알면 백전백승'이라고 하니, 사춘기를 슬기롭게 넘어가려면 사춘기에 대한 정보가 정확해야겠죠. 먼저 사춘기에 대한 오해부터 풀게요. 흔히 사춘기를 '중2병'과 혼동합니다. 앞에 등장한 친구가 아들의 사춘기가 끝나야 하는데 그대로라는 것, 딸의 사춘기가 빠르다고 당황해서 묻는 것도 모두 이 때문입니다.

'중2병'은 엄밀히 말하면 '사춘기'라기보다 소위 '미친 사춘기'입니다. 사춘기 기간 중 피크인 때를 빗대어 말하는 것입니다. 사춘기는 아동이 청소년으로 변화하는 성장 과정이며 평균 3~4년까지 꽤 긴 기간입니다. 개인의 발달 차이와 남녀 성별에 따라 사춘기의 시작 시점과 기간에 차이가 납니다.

보통 남자 아이들의 사춘기는 평균 초5~중1에 시작해서 중3~고3쯤 끝이 납니다. 여자 아이들의 사춘기는 조금 빨라서 평균 초4~초6 전후 시작해서 중2~고2 사이에 마무리 되죠. 개인차가 있지만 우리가 '중2병'을 사춘기로 생각하는 이유는 중2 무렵이 남녀 공통적으로 사춘기를 경험하는 시기이기 때문입니다.

중2병 혹은 '사춘기 아이들' 하면 가장 먼저 떠오르는 모습은 이유 없이 화가 나 있고 반항하는 모습입니다. 학부모는 물론 선생님들까지도 아이들을 어떻게 대해야 할지 모르는 관계의 위기 상황으로 생각합니다. 관계 갈등, 공부 위기 등은 부모와 자녀 모두 처음 경험하는 큰 위기일 수 있어요. 성장기에 겪는 본질적인 변화에 관심을 갖고 사춘기 아이를 이해하고 대한다면 어려움을 잘 극복할 수 있습니다.

사춘기 멘탈 수업

생후 3년처럼
부모와 애착기

사춘기는 위기가 아니라 누구나 지나는 '발달 과정'입니다. 조용히 지나갈 수도 있고 늦게 올 수도 있지만, 사춘기가 없이 자라는 아이는 없어요. 부모는 사춘기에 많이 변한 자녀 때문에 화나고 힘들어집니다. 그러다 예전 모습을 그리워하기도 하지요.

아이들도 마찬가지입니다. 사춘기엔 화가 났다 슬펐다 감정이 롤러코스터를 탄 듯합니다. 말끝마다 짜증을 내는 아이들 역시 답답하다는 점을 기억해 주세요. 이 시기 아이들은 자신이 왜 그런지 몰라서 속상해요. 아동기처럼 즐겁지 않고 복잡해진 친구관계로 고민합니다. 집에 오면 부모와 싸우기를 반복하면서 관계에 외로움을 느껴요.

아이에게 부모는 첫 번째 대인관계이자 세상에 대해 신뢰감을 배우는 첫 대상입니다. 아이가 처음 만나는 세상은 엄마입니다.

세 살 때까지 엄마가 함께 있어 줘야 한다는 말은 아이가 접하는 세상이 흔들리지 않고 안정감이 들도록 도와주어야 한다는 뜻입니다. 사춘기 자녀도 성장으로 인해 몸과 마음의 큰 변화를 겪습니다. 전체적으로 흔들리는 중이죠. 아이의 마음이 흔들리는 상태에서 세상을 바라보면 세상이 흔들리는 것처럼 느껴져요. 부모가 함께 요동치면 아이는 혼란에 빠져 불안정한 상태를 경험합니다.

세상에 대한 자신의 관점을 세워 가는 사춘기 3~4년은 존재의 안정감을 형성하는 생후 3년만큼이나 중요한 시기입니다. 신체적으로는 남성과 여성으로 성장하고, 심리적으로 다양한 감정을 경험하며 조절하는 능력을 배우는 시기예요. 정신적으로 많은 양의 지식을 습득하고, 문제 해결 능력을 기릅니다. 각 분야에서 성장된 기능은 한데 어우러져 '나'라는 독특성과 정체성을 갖습니다. 어린이에서 어른으로 다시 탄생하는 과정이죠. 이야기를 듣고 보니 어떠세요? 지금은 알 수 없는 아이가 어떤 모습의 어른으로 성장할지 기대되시죠?

제대를 기다리는 말년 병장처럼 사건 사고 없이 '사춘기가 빨리 지나가기만 해라' 하는 소극적이고 수동적인 마음을 갖고 있다면 지금부터 바꿔 보세요. 사춘기는 반항기도 방황기도 아닙니다. 어른이 되는 필수 발달기입니다. 관점부터 바꿔야 합니다.

막 태어난 아기에게 쏟았던 관심과 정성의 기억을 꺼내어 지금 아이에게 동일하게 해주세요. 하루하루 쌓인 부모의 사랑과 적절한 훈육은 자녀의 평생을 결정하는 성장 밑거름이 되니까요. 한 번 뿐인 자녀의 10대를 후회 없이 좋은 기억으로 남길 수 있도록 가족 모두가 함께 노력해야 합니다. 부모가 사춘기 아이를 짝사랑한다는 마음가짐으로 대한다면 힘든 상황을 조금은 수월하게 견딜 수 있습니다.

잠의 원인은 호르몬과
수면 패턴의 변화

"공부하면서 먹으라고 간식 주러 방에 들어가면 졸고 있어요." "일찍 자라고 해도 말도 안 듣고 아침에는 못 일어나고 생활이 엉망이에요." "어릴 때는 스스로 잘 했는데 잠 때문에 잔소리를 하면서 싸우니 아이와 관계가 점점 나빠져요. 어떻게 해야 할까요?"

사춘기 자녀 상담으로 온 부모의 질문과 고민 중 빠지지 않는 것이 '잠'입니다. 잔소리에 질색하는 자녀 때문에 하고 싶은 말을 꾹 참고 사는데 화가 폭발하는 시점은 졸고 있는 아이를 볼 때라고 해요. '졸고 있으면 안쓰럽지 않나?' 아직 사춘기 전 부모님은 의아해 하실 수 있어요. 처음에는 부모도 아이가 안쓰러워서 일찍 자라고 해요. 쉬라고도 해요. 문제는 아이가 공부하는 것이 아니라 딴짓을 하느라 늦게까지 잠을 자지 않는다는 사실이죠. 아침에 깨워도 못 일어나고, 유치원생도 아닌 다 큰 아이를 깨우느라 매일 전쟁을 치르니 화가 날 수밖에 없어요.

사춘기 자녀들은 어떨까요? 아이들과 생활 이야기를 해보면 잠 때문에 힘들다고 해요. 공부에 집중도 안 되고 부모와 다투어 힘들다고 고민을 털어놔요. 공부를 하고 싶어도 갑자기 몰려드는 졸음을 주체할 수 없다고 합니다.

'차라리 졸리면 자라'는 엄마의 충고를 듣고 일찍 자려고 누우면 이상하게 잠이 오지 않는다는 거예요. 잠은 노력한다고 잘 수 있는 것이 아니니 어떻게 해야 할지 몰라 답답하다고 해요. 어떤 아이는 예전엔 부지런하고 공부하는 것이 수월했는데 잠 때문에 생활이 무너지니 스스로 한심하다는 생각에 우울감에 빠져요.

부모 자녀의 관계와 공부를 힘들게 하는 '사춘기 잠' 문제를 어떻게 해결할 수 있을까요? 답은 사춘기 잠의 원인을 아는 데 있습니다. 쉽게 말해 사춘기 아이들의 '뇌는 리모델링' 공사 중이에요. 백화점에서 리모델링 공사를 한다고 가정해 봅시다. 영업 시간이 아닌 때나 휴점 상태에서 공사를 진행하죠. 아이들 뇌도 같아요. 아이들의 뇌는 활발히 활동하는 일과 시간이 아닌 잠자는 휴식 시간에 성장이 이루어져요.

뇌의 리모델링은 신경에 각종 감각 정보를 전달하는 '시냅스'의 정리 작업에서 시작합니다. 이때 유아동기를 거치며 급하게 성장하느라 복잡하게 얽혀 있던 시냅스를 정리해요. 먼저 시각, 청각, 후각 등 감각 정보와 운동 조절을 담당하는 영역을 정리한 후에 언어 이해 등의 영역을 정리합니다.

언어 영역이 정리되고 발달하는 부분이 전두엽입니다. 전두엽은 시간을 계획하고 문제 해결 기능을 담당하는데 청소년기에 활발하게 발달하고 청년기에 완성됩니다. 부모는 아이가 신체적으로 다 큰 것처럼 보이니 '이 나이쯤 되면 본인이 알아서 할 일을 하고 잠도 조절하면서 야무지게 시간 계획도 해야 하는 거 아니야?'라고 생각할 수도 있는데 말처럼 쉬운 일이 아닙니다. 사춘기 자녀의 뇌 기능으로는 도움이 필요한 일입니다. 계획과 판단을 담당하는 전두엽이 아직 발달 중이니까요.

사춘기 아이들은 늦게 자고 아침에 일어나지 못하는 모습을 보입니다. 성장하면서 잠의 패턴이 아동의 수면에서 성인의 수면 패턴으로 바뀌면서 나타나는 현상입니다. 아동기 수면과 성인 수면의 차이는 아이 키울 때를 생각해 보면 쉽게 이해할 수 있어요. 아이들은 졸리면 잠을 참기 어렵고, 잠투정을 많이 해요. 아이에게는 수면 시간을 지연할 수 있는 능력이 없거든요. 이 능력은 사춘기에 생기게 되는데 우리 몸의 호르몬 작용을 통해서 가능해져요. 수면에 관여하는 호르몬은 성 호르몬 '테스토스테론'과 활동 주기를 조절해 주는 '멜라토닌'입니다.

사춘기에 남자 아이들은 '테스토스테론'이라는 남성 성 호르몬이 증가해서 어른 남성과 같은 신체와 성기능을 갖게 되죠. 여기까지는 잘 알고 계실 수 있는데 이것이 잠드는 시간을 늦추는 데도 관여한다는 사실은 모르시는 경우가 많아요. 개인차가 있을 수 있지만, 사춘기 남학생에게 잠 문제가 더 흔히 일어나는 것은 이 때문입니다.

청소년이 되면 수면에 영향을 주는 호르몬인 '멜라토닌'의 분비 시간이 늦춰져 아침에 일어나기 힘들어집니다. 멜라토닌의 분비 시간이 지연되면 빛에 대한 민감성이 줄어듭니다. 날이 밝으면 저절로 깨는 기능이 아동기에 비해 떨어지게 됩니다. 아동기와 비교해 생활이 무너지고 퇴보한 것이 아닌지 걱정할 수 있지만 이 역시 사춘기 변화입니다. 이 과정을 거쳐야만 깨어 있는 시간이 늘어나고 졸음을 견딜 수 있고, 수면 시간을 조절할 수 있는 성인의 수면 패턴으로 발달합니다.

매일 같은 시간에
잠드는 습관 갖기

사춘기 잠에 대해 알고 나니 아이가 게을러지고 자기 관리가
되지 않는다고 걱정했던 마음이 조금 가벼워지셨나요? 이쯤 되
면 생기는 의문이 있죠.

"사춘기라 잠 때문에 힘든 거면 그냥 두어야 하는 건가요? 당장 할
일을 해야 하는데 해결 방법이 없을까요?"

사춘기 잠은 성장 과정이니 인위적인 조절이 쉽지 않지만 조절
가능한 범위에서 자기 관리를 할 수 있습니다. 건강한 성인의 수
면 패턴으로 자녀가 성장하도록 부모로서 도움을 주는 일이 최선

사춘기 멘탈 수업

의 방법입니다.

부모와 자녀는 사춘기 수면 패턴의 변화에 대해 함께 아는 것이 중요합니다. 당사자인 자녀가 사춘기 잠의 변화에 대해 모르면 부모가 도와주려고 해도 간섭으로 여깁니다. 아이들과 이야기해보면 스스로 마음만 먹으면 잠을 조절할 수 있다고 생각해요. 몸이 피곤하고 늦게 자는 일상을 가볍게 여기는 경우가 많아요. 이 생각은 아이들의 착각입니다. 수면 패턴이 변화를 아이의 의지로 원활하게 조절할 수 없어요.

사춘기 수면 문제로 어려움을 겪지 않기 위해 부모가 해야 할 가장 중요한 일이 있습니다. 잠드는 시간이 일정하게 습관화되도록 도와주세요. 청소년에게 수면은 에너지 충전 이외에 성장에 핵심적인 역할을 담당합니다. 성장 호르몬은 주로 수면 시간에 생성되기 때문에 최소 6시간 이상의 수면이 필요하고, 새벽 2~3시를 반드시 포함해야 합니다. 대부분의 학생과 부모들은 수면을 습관화하라고 조언하면 기상 시간을 조절하려고 해요. 잘못된 기상 시간을 고집하면 성장기 아이들의 수면의 질이 떨어질 수 있어요. 건강한 수면 패턴을 갖기 위해 바꿔야 하는 것은 수면에 들어가는 시간입니다.

기상 시간은 입면 시간에 따라 변화해야 합니다. 인간의 수면은 얕은 잠 렘Rapid Eye Movement, REM 수면과 깊은 잠 비렘Non-Rapid Eye Movement, NREM 수면 상태로 나뉩니다. 청소년의 최적 수면은 한 주기 1.5시간(90분) 기준으로 주기를 5번 반복하는 약 7시간 30분입니다.

이 주기를 이용해 수면 시간을 계산하면 시험이 있거나 잠을 줄여야 할 때 입면 시간 기준 4시간 30분 후, 보통은 6시간, 7시간 30분 후에 기상하면 덜 피곤하게 컨디션을 조절할 수 있습니다. 부모님도 아침에 수월하게 자녀의 잠을 깨울 수 있습니다. 잠자리에 드는 시간을 기준으로 기상 시간을 맞춰서 일어나는 것이 효과적입니다.

자녀가 아침에 잘 일어나지 못하면 습관이 될 때까지 기분 좋게 깨우도록 노력하는 것이 좋습니다. 그냥 깨우기도 아침마다 전쟁인데 어떻게 기분 좋게 깨울 수 있을까요? 자녀 기분이 상하지 않게 깨운다는 뜻입니다. 사람은 높은 톤의 목소리를 들으면 화난 소리로 오해하기 쉬워요.

분주한 아침에 엄마가 큰 소리로 아이를 불러 깨우는 모습은 일상입니다. 일어나지 않는 아이를 향해 엄마의 목소리는 점점 크고 날카로워집니다. 큰소리로 아이의 이름을 부르면서 깨우면 기상하는 데 도움이 되지 않을 뿐 아니라 아침부터 마음이 상해 다툼의 원인이 됩니다.

아이의 기상을 돕는 꿀 팁을 드리자면 잠은 소리로 깨우기보다 몸을 직접 움직여서 깨우는 게 좋습니다. 몸의 여기저기를 흔들어서 잠을 깨우는 것이 더 효과적입니다. 잠든 아이를 먼저 말로 깨워 보고 그래도 일어나지 않으면 몸을 일으키는 것을 도와주세요. 그다음엔 일어나 나와서 물을 마시게 하는 겁니다.

'알겠는데 언제까지 할 수 있을지 모르겠어요' 하며 자신 없어 하고 힘들어하는 부모가 있을 수 있어요. 충분히 이해합니다. 중요한 건 귀찮은 일, 나잇값도 못하는 일, 게으름으로 생각하지 않고 아이가 습관이 될 때까지 인내심으로 도우려는 마음가짐입니다. 사춘기 아이가 성장할 때 부모는 인내 훈련을 받습니다.
자녀는 성인이 되려는 준비 중이고 부모는 '더 나은 어른'이 되는 경험을 하는 시간입니다. 아이가 성장할수록 부모는 성숙하니까요.

아침밥보다
아침 마음을 챙겨 주자

아침 시간은 집집마다 바빠요. 등교하는 아이가 있는 집은 엄마가 더 바쁘죠. 엄마는 아이들 깨우는 데 기진맥진 힘을 다 써버려요. 뭐라도 챙겨 먹이려 어렵게 준비한 아침식사를 먹는 둥 마는 둥하고 나가 버리는 아이 뒷모습에 화가 치밀어 오르기 일쑤죠. 밥 먹을 시간에 잠을 더 잔다고 그냥 나가는 날도 있어요. 참는 것도 하루 이틀, 반복되는 상황에 "머리 말리고 멋 부릴 시간은 있으면서 아침 먹을 시간은 없어? 넌 먹을 자격도 없어! 공부를 그렇게 열심히 해보시지?" 어느 날 엄마도 마음에 쌓아 놓았던 화를 쏟아 내 아이 마음에 상처를 주죠.

'내가 너무 했나' 싶어 하루 종일 불편한 마음에 전화를 걸어 보지만 받지 않아요. 카카오 톡 메시지도 '읽씹'에 마음이 상하고, 좋아하는 저녁 반찬을 준비해 아이한테 말을 걸어 봅니다. 아이는 "나 안 먹어. 먹을 자격도 없다며?" 아침에 했던 독설 그대로 되돌려 주며 냉전을 선포해요.

사춘기 자녀를 양육하는 엄마들이 자녀에게 상처를 주었다고 가장 많이 후회하는 일이 '아침밥' 잔소리입니다. 엄마도 분명 화가 나서 한 말인데 돌아보면 과도하게 화를 냈다고들 하세요. '왜 내가 그렇게 화가 났을까' 생각해 본 적 있나요?

아침 식탁이 차려지기 전까지 엄마의 일상으로 돌아가 보겠습니다. 엄마는 아침밥을 차리기 위해 바쁜 가운데 어제 장을 봤고, 피곤한 몸을 일으켜 일찍 일어나 식사 준비를 했어요. 아이는 머리 말리고, 할 일 하다 보니 시간이 없어 아침을 먹지도 않고 나가 버려요.

매일 차리는 아침식사가 있기까지 엄마 입장에서는 이미 장을 보고 일찍 일어나고, 몇 단계 준비가 있었어요. 아이가 아침을 먹지 않고 나가는 행동은 엄마의 노력과 정성을 무시하는 행동으로 느껴져 엄마는 상처를 받고, 이게 쌓여 화가 난 거예요. 엄마는 성의와 노력이 아무 소용이 없어지는 것에 화가 나고, 알아주지도 않는 자녀를 위해 희생하는 것 같아 억울해요. 아침밥을 챙겨 주는 멋진 엄마 역할이 수행되지 않아 실패감도 생겨요. 단지 아침밥일 뿐인데 엄마의 마음속은 복잡한 감정이 숨어 있을 수 있어요.

중요한 건 한 끼 식사보다 아이의 마음입니다. 아침밥을 대충 먹었거나 안 먹었다는 이유로 꾸중과 듣기 싫은 소리를 들으면 어떨까요. 아침에 들었던 뉴스나 음악이 하루종일 생각나듯이 아이의 마음도 같습니다. 하루를 시작하는 아침마다 힘들다면 학교에서의 일과도 편치 않을 수 있습니다. 시간이 없어서 아침을 못 먹었다면 등교하면서 먹을 수 있는 간단한 주먹밥이나 빵 등을 챙겨 주는 것도 좋은 방법입니다. 필요한 상황에서 부모의 훈육도 중요하지만 아이의 마음이 다치지 않는 것이 긍정적인 관계를 위한 첫 걸음이니까요.

다 잘하는 엄마가
좋은 엄마는 아니다

좋은 엄마는 꼭 아침밥을 챙겨 줘야 할까요? 'K 엄마'들의 머릿속에는 가족의 식사를 잘 챙기는 엄마의 모습이 있어요. 우리는 이 장면을 아주 오래전부터 보고 자랐습니다. 오랫동안 가부장 사회에서 살아 온 우리는 여성이 희생하는 모습을 익숙한 문화적 형태로, 이상적인 역할로 획일화할 수 있어요. 시대가 변하면서 된장찌개와 한식 밥상이 빵과 간단한 수프, 시리얼로 바뀌었지만, 드라마와 영화, 광고 등 각종 콘텐츠는 여전히 '이상적인 어머니 상'을 제시하고, 여기에 엄마를 끼워 맞추려고 해요.

최근에는 상담의 여러 기법 중 포스트모더니즘을 바탕으로 하는 상담 이론이 각광받고 있어요. 사회적인 역할과 기준, 그것에 순응하는 스트레스와 죄책감, 열등감에 반대하고 사회문화적인 틀을 해체하는 거예요. 사회가 정한 역할과 가치를 제시하고 따르는 게 모더니즘적인 생각입니다. 포스트모더니즘은 각자 처지를 존중하고 소수의 가치도 의미 있게 평가하죠. 무비판적으로 받아들였던 사회적 가치와 역할에 대해 주도적으로 생각하고 존중하길 제안해요. 그런 의미에서 우리 엄마들 머릿속 '좋은 엄마'에 대한 이미지는 사회문화적인 틀일 수 있어요. 무의식적인 기준이 내 안에 들어와 스스로를 채찍질하고 실패하면 죄책감이 들고 자존감까지 떨어지게 됩니다.

심리학적으로 좋은 엄마는 모든 것을 잘하는 엄마가 아닙니다. 여러 매체에서 사회적으로 성공하고, 집에서도 존경받는 슈퍼우먼은 사회문화적인 강요이자 가혹한 틀일 수 있어요. 육아 프로그램에 자주 등장해서 유명해진 '충분히 좋은 엄마'라는 말이 있어요. 이 말은 정신분석가 도널드 위니컷이 한 말인데 영어로 'good enough mother'예요. 우리말로 번역하면서 사용된 '충분한'이라는 말이 오해를 불러일으키지만 원뜻은 '이만하면 좋은 엄마' 혹은 '그리 나쁘지 않은 엄마'입니다. 좀 부족하고 화를 내고 사람 냄새 나는 엄마의 모습이 오히려 훌륭합니다. 완벽한 엄마 역할을 수행하려고 식사준비에 모든 신경을 쓰지는 마세요.

아침밥을 챙겨 주고 싶은 마음은 당연한 모성이자 사랑입니다. 아침을 먹지 못한 상황에서도 따뜻한 인사로 배웅하는 엄마가 아이 정서에 훨씬 좋습니다. 아침밥에 온 마음을 쓰다가 본의 아닌 상처 주는 말이 아이를 더 힘들게 한다는 점을 기억해 주세요.

마음 아프게 했던 말이 생각난다면 지금이라도 자녀가 그 말을 어떻게 생각하는지, 엄마의 진심은 무엇이었는지 대화하는 시간을 꼭 가지길 바랍니다. 아무리 작은 상처와 오해라도 쌓이고 쌓이면 '신뢰'라는 큰 나무가 흔들릴 수 있으니까요.

아이와 대화를 하다 보면 서로 기억이 다르다는 사실에 놀랍니다. 아이가 기억을 못 할 수도 있고 부모가 잊어버릴 수도 있어요. 아이가 먼저 말을 꺼냈을 땐 끝까지 잘 들어줘야 합니다. 부모 입장에서 생각이 잘 나지 않는 일이라도 귀 기울여 들은 후에 아이의 마음을 보듬어 주세요. 무심코 넘어갔던 일도 아이의 관점에서 이해할 수 있는 좋은 기회가 됩니다.

말대꾸는 자기 논리
먼저 들어 주자

자녀와 가장 피해야 할 상황은 대화가 끊기는 거예요.

말대꾸는 부모가 들으면 반항하는 모습 같아서 화가 나겠지만 아이 입장에서는 자기 논리를 세워 가는 중입니다. 아이의 말을 끊지 말고 일단 끝까지 잘 들어 주는 태도가 중요합니다.

사춘기 아이들은 보통 부모에게 친절하지 않죠. 어렸을 때 말 잘 듣고, 엄마를 위로해 주던 천사 같은 아이가 갑자기 말이 짧아지고, 말 속에는 항상 짜증이 들어 있어요. 뭐라고 한마디 하면 말 대답은 기본이죠. 더 심해지는 경우 고성이 오가거나 몸싸움이 생길 수도 있어요. '뭐 저런 집이 있을까?' 하며 의아해 하고, 우리 집 순한 자녀는 예외일 거라는 생각이 들겠지만 의외로 사춘기 자녀가 있는 집에서 빈번하게 일어나는 일이랍니다. 부모나 자녀가 경찰을 부르는 일도 있어요. 상황이 거기까지 달하면 부모와 자녀 관계가 심한 상처를 입습니다.

사춘기 때 부모 자녀 관계가 왜 힘든지 그 원인을 찾다가 한 가지 공통점을 발견했습니다. 부모가 사춘기 아이를 훈육하는 대화 방식에서 심각한 갈등과 단절이 있었다는 점입니다. 첫 단추를 잘못 끼웠다는 뜻입니다. 부모는 자녀가 버릇없이 대할 때 무시당하는 기분과 부모로서 리더십이 흔들렸다는 위기감을 느낍니다. 불안한 마음에 여기저기 조언을 구하는데 간혹 엄하게 훈육해서 아이를 꽉 잡고, 사춘기를 잘 넘겼다는 성공담을 들으면 그대로 따르다 부작용을 겪는 경우가 많아요.

우리 집 아이는 성공담에 등장한 아이처럼 순한 아이가 아닌데 엄마가 엄한 양육 태도로 갑자기 바뀌어 버린 거죠. 마음에 상처 주는 말과 행동을 겪은 아이는 반항심이 커져요, 심한 싸움이 몇 번 반복되면 아이와 부모는 관계가 더 나빠질까봐 두려워지고 결국 대화의 단절을 경험합니다.

버릇을 잡겠다는
마음을 내려놓자

유아기, 초등 저학년 때 엄마들과 고민을 나누면서 도움을 받았던 경험은 사춘기에는 통하지 않아요. 아이와 갈등으로 힘든 마음을 하소연하고 서로 위로하고 힐링할 수는 있지만, 훈육 방법을 그대로 따르는 것을 바람직하지 않습니다. 아동기는 발달 정도 차이가 크지 않고 전적으로 부모를 의지하기 때문에 야단을 쳐도 아이가 다시 돌아옵니다. 아이가 자기 주관이 생기면 친구 부모와 비교할 수도 있고, 자기 생각에 부모가 옳지 않다고 생각하면 타협하지 않고 주장을 굽히지 않아요.

사춘기 자녀와 효과적으로 소통하는 방법이 있을까요? 정형화

　　　　　　　　　　　　　　　　　　　사춘기 멘탈 수업

된 소통 방법을 쓰면 오히려 비효율적일 수 있습니다. 공통적으로 하지 말아야 하는 사항을 잘 지키는 게 중요합니다. 그래야 아이와 큰 갈등 없이 사춘기를 지나 더 돈독한 사이로 발전할 수 있으니까요.

부모가 가장 하지 말아야 하는 행동은 아이의 말대꾸를 '반항'이라고 여겨 버릇을 고치려고 강압적으로 훈육하는 것입니다. 사춘기는 기존 체계나 어른 생각에 전적으로 동의하지 않는 특징이 있어요. 아이는 성인의 사고 체계로 발달하는 과정에서 자신의 생각을 표현하고, 자기 논리를 만들어 가는 중이니까요.

어른을 이겨 보고 어른한테 대들어 보는 경험도 성장에 꼭 필요합니다. 이 필수 경험을 가장 안전하게 할 수 있는 장소와 대상은 '우리 집'의 '부모'입니다. 부모의 엄한 훈육과 완벽한 논리로 녹다운을 당한 자녀는 사회인이 되었을 때 윗사람에게 주눅 들고 자기주장을 제대로 펴지 못하게 될 확률이 높습니다.

권위적이고 강압적인 가정환경에서 자란 성인들을 상담 현장에서 자주 만납니다. 이들이 호소하는 문제는 무의식적으로 상사 앞에 가면 힘들고 알 수 없는 불안이 올라와 할 말을 다하지 못해 고통스럽다는 거예요. 자녀가 성인이 되었을 때 대인관계에서 고통과 두려움을 느끼길 원하는 부모는 없습니다. 부모의 양육 태도와 사춘기 시기의 자기표현은 자녀의 사회생활에 큰 영향을 미칩니다. 아이의 말대꾸를 자유로운 자기표현으로 들어 주는 여유를 갖도록 매일 조금씩 연습해 보세요.

부모와 아이의 감정이 격해질 땐 대화의 장소를 집이 아닌 다른 곳으로 옮기세요. 동네 커피숍이나 아이스크림 가게도 좋습니다. 감정이 격앙되면 부모도 아이도 거친 말과 행동을 하게 되어 마음의 상처를 주고받습니다. 다른 사람들이 함께 있는 오픈된 장소에서 이야기를 나누면 서로 최소한의 예의를 지킬 수 있습니다. 문제 해결과 관계 개선에 유익하니 이 방법을 활용해 보세요.

논리는 존중하고
태도는 훈육하기

부모가 '화'를 참고 견디는 일은 갈등을 막는 일에 중요한 역할을 합니다. 부모가 무섭게 혹은 엄하게 자녀를 훈육해 왔다면, 기질이 강한 아이들은 잠재된 화가 밖으로 터져 나옵니다. 사춘기가 되면 힘이 생기고, 자기 논리를 펼 수 있으니 밖으로 표출되는 거죠.

부모가 화를 받아 주지 않고, 조절하도록 돕지 않으면 아이의 잠재된 화는 집에 있는 동생에게 향합니다. 엉뚱하게 동생이 폭력의 피해자가 되는 거죠. 동생에게 화풀이 하지 않는다고 안심할 수는 없어요. 어떤 아이들은 그 화가 학교에서 터지기도 하니까요. 사소한 일에 친구들에게 화나 짜증을 내고 교우관계가 악화됩니다. 흔한 사례는 아니지만 화를 푸는 대상이 학교에 약한 친구가 될 때 학교 폭력으로 이어지기도 합니다.

사춘기 때 부모가 아이와 힘겨루기를 하여 아이의 버릇을 잡겠다고 생각하면 위험한 결과를 초래할 수 있습니다. 어떨 때는 부모가 져주기도 해야 돼요. 자신의 논리로 어른을 한번 이겨 보는 일이 아이한테는 큰 경험이 되니까요. 우리 집에서 내 말이 받아들여지고 내 의견이 관철되는 느낌을 경험해 봐야 아이는 밖에서 자신감을 가지고 이야기할 수 있습니다.

부모는 자기주장이 확실하고 당당한 사람으로 아이가 성장하길 원하지만, 말끝마다 말대답하고 부모 생각에 말도 안 되는 논리를 펴는 아이를 볼 때마다 화가 납니다. 아이와의 크고 작은 말다툼이 지금은 힘들겠지만 성장을 위한 필수 훈련 과정으로 받아들여야 합니다. 아이 말을 무시하지 말고 경청하면서 논리도 존중해 주는 것입니다. 이런 행동을 취하다 보면 아이에게 상처를 주는 언행은 나오지 않을 확률이 높습니다. 자녀의 태도가 도를 지나쳐 불손했다면 이야기가 다 끝난 후에 태도에 대해서만 별도로 훈육해 주세요. 자기 생각과 논리를 표현하는 것 못지않게 타인의 감정을 파악하고 어른을 대하는 태도는 배워야 하는 부분이니까요.

꾀병과
마음의 병 구별하기

"자꾸 아프다고 해서 막상 병원에 데리고 가면 괜찮다고 하네요.
아무 이상 없대요."

알 수 없는 원인으로 아파서 여러 병원을 전전하다 의사의 권
유로 상담을 시작한 아이가 있습니다. 어린 아이들과 청소년들에
게 흔히 나타나는 현상입니다. '그래 마음이 아프거나 불편하면
몸이 아플 수 있지.' 남의 일이라고 생각하면 쉽게 이해가 가지만
내 자녀에게 일어난 상황이면 병의 원인이 몸 때문인지 마음 때
문인지 구별하기란 쉬운 일이 아닙니다.

아이들이 어렸을 때를 떠올려 볼까요. 아이가 한번 아프면 아무리 바쁜 엄마라도 아이의 곁을 지키면서 간호를 해요. 몸은 아파서 힘들지만 엄마의 사랑을 듬뿍 받는 시간이죠.

하기 싫은 숙제하기, 학원 가기 등 할 일을 쉴 수 있는 기회가 생겨요. 단순히 예전에 아팠던 사건으로 기억할 수 있지만, 우리의 머리와 몸, 마음속 기억의 메커니즘은 좀 복잡해요. 의식이 부정적으로 인식하는 사건이라도 심리적으로 만족스럽고 효율적인 행동이라면 우리는 무의식적으로 몸을 희생시키며 그 방법을 택할 수 있어요.

사춘기 아이는 부모에게 받는 사랑이 급격하게 줄어들었다고 생각해요. 칭찬받을 일은 줄어들고 야단맞을 일, 해야 할 일에 대한 잔소리만 늘어나죠.

몸은 컸지만 유아기와 아동기 때처럼 부모의 사랑과 인정을 갈구합니다. 아이들이 어렸을 때에는 부모에게 사랑을 표현하고 갈구하는 짝사랑을 합니다. 사춘기는 아이가 반응을 보이지 않아도 부모가 사랑의 표현과 시그널을 멈추지 않아야 하는 때입니다.

프로이트는 인간의 무의식을 '빙산'에 비유했어요. 빙산은 눈에 보이는 부분보다 아래 있는 부분이 훨씬 크죠. 인간의 행동을 좌우하는 것은 보이지 않는 무의식인 경우가 많아요. 병을 앓고 아팠을 때 사랑받고 일이 해결되는 경험을 반복한 아이는 성장해서도 같은 패턴으로 행동합니다. 감당할 수 없이 힘든 일이나 피하고 싶은 상황을 겪으면 무의식적으로 자기 몸을 아프게 해서 해결하려고 해요.

단순히 '꾀병'으로 넘길 수만은 없는 문제예요. 꾀병은 실제로는 아프지 않은데 아픈 척해서 원치 않는 상황을 피하려고 하는 거예요. 꾀병이라면 아픈 게 거짓이기 때문에 아이가 할리우드 배우 수준으로 연기하지 않는 이상 엄마가 보면 금방 알 수 있어요.

무의식적인 원인이 작용할 경우 신체적으로는 이상이 전혀 없음에도 아이는 통증을 느껴요. '신체화 증상'이라 해요. 신경정신과나 심리센터에서 사용하는 심리검사를 통해 판별할 수 있어요. 신체화 증상은 심리 증상으로 흔한 편이고, 그대로 방치해 심각해지면 일상생활에 큰 불편과 고통을 초래합니다.

우리 마음의 힘이 참 세죠? 마음이 몸을 아프게도 하니까요. 마음이 모든 신체 부분을 움직이는 건 아닙니다. 마음의 영향으로 호르몬이 분비되고, 이로 인해 움직이는 기관들이 여기에 해당되죠. 소화를 담당하는 위, 소장, 대장이 약해져 소화가 잘되지 않거나 배탈이 나는 것은 심리적 영향인 경우가 많아요. 뇌는 말할 것도 없으니 두통은 가장 흔한 신체화 증상입니다. 이외에 흔한 것이 만성 피로로 신체 전반적 기능이 떨어져요. 심각한 스트레스나 심리적인 충격을 받으면 감각을 제대로 쓰지 못할 수 있어요. 아침 드라마에서 주인공이 갑자기 말을 못하게 되는 상황도 넓게 보면 신체화 증상의 한 종류입니다.

관심 받고 싶을 때
몸이 아프기도 하다

특별한 스트레스나 부담스러운 일을 피하고 싶지 않은데 아이의 몸이 아플 때도 있어요. 하기 싫은 일을 피하기 위해서가 아니라 관심과 사랑을 받고 싶어서 몸이 아픈 경우예요. 사춘기 아이의 경우 그 대상이 친구와 부모로 나뉘어요. 이 시기는 교우관계가 복잡하고 어려워요. 단짝 친구와 틀어지기도 하고 삼각관계에 휩쓸리기도 합니다. 갈등을 해결하는 것이 어렵거나 친구의 관심을 다시 끌기 위해 무의식적으로 아플 수도 있어요. 부모가 바빠서 아이가 원하는 사랑을 받는다고 느끼지 못할 때 신체적 고통을 호소할 수 있어요.

결과적으로 마음 때문에 몸이 아픈 것은 같지만, 마음이 아픈 원인에 따라 솔루션은 달라집니다.

먼저 하기 싫은 일을 피하기 위해 몸이 아프다면 피하고 싶은 일을 미리 준비하는 습관을 갖게 도와주세요. 가만히 살펴보면 아이들이 '스트레스 받는다' 혹은 '하기 싫다' 하는 것은 '공부' 전체가 아닙니다. 예를 들면 학원 레벨 테스트나 학교 시험, 중요한 숙제나 수행평가처럼 결과가 나오고 평가가 있는 경우예요. 좋은 결과를 원했는데 준비를 충분히 하지 못해서 성적이 오르지 않았다면 아이의 자신감이 떨어집니다. 계획을 세우는 일부터 시작하면 시험 대비는 물론 마음의 준비를 할 수 있습니다.

"네가 준비했으면 일단 됐어. 시험은 잘 볼 수도 있고 못 볼 수도 있어"라는 엄마의 격려 한마디에 아이는 마음의 안정을 찾습니다.

아이가 관심과 사랑을 받고 싶어서 몸이 아프다면 솔직하게 자신이 원하는 것을 표현하게 도와주세요. 몸을 아프게 해서 원하는 걸 얻는 방법은 지름길을 두고 비포장도로로 돌아가는 것처럼 힘든 일이니까요. 지름길로 가지 않은 이유는 중간에 멈추는 신호등이 있기 때문이에요. 직접적으로 말하면 거절 당할까봐 두려워서 몸을 아프게 하는 간접적인 방법으로 원하는 것을 얻는 것입니다. 아이가 관심과 사랑을 받으려고 몸이 아프다면 부모의 관찰과 개입이 필요합니다. 무엇보다 초기에 바로잡아 주는 일이 중요합니다. 대인관계의 방법은 자녀가 성인이 되었을 때 생길 가정의 배우자, 자녀에게까지 광범위한 영향을 끼치니까요.

화장을 이해하고
화장품은 좋은 것 선물하기

"늦게 일어나서 밥도 못 먹으면서 화장하는 일은 빼먹지 않아요. 한 번 약속이 생기면 얼마나 화장에 신경을 쓰는지. 하고 나온 거 보면 맨얼굴이 훨씬 나은데, 동네 창피해요. 좋은 말로 타일러도 봐도 소용이 없어서 크게 다퉜어요. 화장품들을 싹 다 버렸어요. 그 후로는 눈도 안 마주치고 말도 안 해요."

"학생이 화장하는 것도 그냥 둬야 하나요?" 다른 문제는 없는데 유독 '화장' 때문에 부모와 갈등하는 사춘기 아이들이 있어요. 남자 아이들도 예외는 아닙니다. '스타일 좋은 남자 아이들'은 남성용 화장품은 물론이고, 헤어스타일 세팅에 여자 아이들보다 더 많은 시간을 들입니다. 보기에도 안 좋고 위험한 친구들과 어울릴까봐 걱정된다고 상담을 오는 분들이 많습니다.

　사춘기 아이들은 외모에 왜 신경을 쓰는 걸까요? 이 시기에 지극히 자연스러운 행동입니다. 아동기에는 생각보다 사람의 얼굴을 잘 구별하지 못한다는 사실을 아시나요? 인간은 사춘기에 들어서야 각 사람들의 얼굴을 정확히 구별하고 해석하는 능력이 발달합니다. 뇌 발달 과정에서 시각을 담당하는 후두엽이 이때 발달하게 되니 눈에 보이는 것이 매우 중요해집니다.

　사고 기능을 담당하는 전두엽 역시 발달하면서 점차 '나'라는 존재를 타인에 비춰 보게 되죠. 내 생각과 주장이 중요해지는 만큼 타인에게 보이는 내 외모에 대한 관심도 높아지죠.

　아동기 교우관계는 놀이에 포커스가 맞춰져 재미있게 노는 것에만 관심이 있어요. 청소년은 놀이 중심이 즐거움뿐 아니라 '관계 자체'로 관심이 변화해요. 결과적으로 '내가 남에게 어떻게 보이느냐'가 매우 중요해져요. 이성에 대한 관심도 높아지는 시기여서 좋아하는 이성이 생기면 외모에 대한 관심이 더 커지죠.

　사춘기이기 때문에 아이들이 자신의 외모에 관심을 갖는 행동은 자연스러운데 화장을 하는 것은 또 다른 의미가 있을 수 있어서 부모의 관찰이 필요해요. 사례의 친구는 모두 화장을 하니까

화장을 하지 않으면 친구들과 어울리기 힘든 경우였어요. 사정은 모르고 엄마가 어렵게 사 모은 화장품을 버렸으니 이해받지 못한다는 생각에 엄마에 대한 원망이 커졌던 거죠. 공부는 하지 않고, 시간을 낭비하는 거처럼 보이는 화장은 아이한테는 교우관계에서의 소속감, 자신감과 같은 복잡한 심리적 요인까지 연결되어 있어요.

다른 흔한 경우는 본인 외모가 마음에 들지 않는 경우예요. 외모에 관심이 많은 여자 아이들은 거울을 보면 마음에 안 드는 부분이 눈에 들어온다고 해요. 아이들 머릿속에서는 '눈을 살짝 찢을까, 내 코는 왜 이렇게 낮지, 볼에 살이 너무 많아' 등 온갖 생각이 지나간대요. 내 얼굴에 자신이 없고 '성형해야 좋아질 것 같은데' 하는 우울한 마음이 화장을 하면서 자신감을 찾는다고 합니다.

아이들의 이유 있는 화장은 허용해 주세요. 부모 입장에서는 화장을 하면 불량한 아이들과 어울릴까봐 걱정할 수 있는데 이건 옛날이야기예요. 성적이 전교권인 아이들 중에도 화장을 하는 친구가 의외로 많습니다. 지역에 따라 한 학급에 반 이상이 화장을 하는 곳도 있습니다.

자녀가 화장에 집착해서 하루 대부분의 시간을 화장하는 데 쓰는 게 아니라면 서로 다투지 말고 화장에 관심을 가져 주세요. 엄마가 자녀에게 화장하지 말라고 야단치는 것은 상담 경험에 비춰볼 때 아무 효과가 없었어요. 아이들이 엄마 앞에서 화장을 하지 않을 뿐 몰래 화장하려고 더 많은 시간을 써요. 몰래 화장품을 사기 위해 엄마한테 거짓말을 하게 돼요. 그 거짓말을 알게 된 엄마는 아이를 못 믿겠다고 호소하죠. 아이는 학교에 가서 화장을 하게 될 테니 선생님이 알면 좋을 리 없고, 공부에 써야 할 시간과 에너지를 화장에 쓰니 공부에 소홀해질 수 있죠. 집에 들어갈 때 메이크업을 지우고 들어가야 하니 아이 입장에서 얼마나 귀찮고 힘들겠어요.

아이의 화장을 현실적으로 생각해 보면 어떨까요?

기초화장도 없이 저가 화장품을 계속 쓰면 나중에 피부과에 가서 더 많은 시간과 돈을 들일 수도 있답니다. 엄마가 먼저 아이의 피부가 상하지 않게 나이에 맞는 좋은 화장품을 선물해 주세요. 아이는 눈치를 보면서 거짓말을 하지 않아도 되니 엄마를 피할 필요가 없어요. 진한 화장이 보기 싫다면 같이 화장품을 사러 가서 적당한 컬러를 골라 주고 진한 색상은 사지 않게 유도하는 방법도 있어요.

사춘기 자녀는 부모와 세대 차이, 문화 차이로 공통 관심사가 없어요. 화장품 쇼핑을 함께 하면 공감대를 만드는 데 이보다 쉽고 좋은 것은 없어요. 아이와 함께 시간을 보내며 아이 관심사를 알 수 있고 자연스럽게 많은 대화를 할 수 있습니다. 화장하는 아이를 이해하면 부모로서 신뢰감을 얻을 수 있어서 얻는 점이 많아요.

감정·소통 멘탈 잡기

핵 심 포 인 트

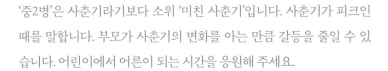

'중2병'은 사춘기라기보다 소위 '미친 사춘기'입니다. 사춘기가 피크인 때를 말합니다. 부모가 사춘기의 변화를 아는 만큼 갈등을 줄일 수 있습니다. 어린이에서 어른이 되는 시간을 응원해 주세요.

1　사춘기는 잠이 많아집니다. 호르몬의 영향으로 잠의 패턴이 아동에서 성인으로 바뀝니다. 테스토스테론은 잠드는 시간을 늦추고 멜라토닌의 분비 시간 지연은 빛에 대한 민감성을 떨어뜨려 아침에 일어나기 힘들게 합니다.

2　말대꾸는 자기 논리입니다. 버릇을 잡겠다는 마음을 내려놓으세요. 단답형 짧은 대답도 괜찮습니다. 대화가 끊기는 상황만 피하면 됩니다.

3　어른을 이겨 보고 대드는 경험은 성장에 꼭 필요합니다. 이 필수 경험을 가장 안전하게 할 수 있는 장소와 대상이 '우리 집' '내 부모'입니다.

4　무의식적인 원인이 작용하면 신체상으로는 전혀 이상이 없어도 아이는 통증을 느낍니다. 신체화 증상이라고 합니다. 스트레스를 받거나 부담스러운 일을 피하고 싶을 때, 관심과 사랑을 받고 싶을 때 나타납니다.

친구 편

관계 자존감이
성적보다 중요하다

교우관계가 좋아야
학교생활이 즐겁다

코로나 팬데믹 상황으로 유치원 졸업식과 초등학교 입학식을 못한 아이들이 있습니다. 초등학교 저학년 때 학교생활을 거의 하지 못했던 아이들은 책을 읽다가 '짝', '운동회' 등의 단어가 무슨 뜻이냐고 묻는다고 했습니다. 전면 등교로 일상이 회복되어 안타까운 상황은 종료되었지만 학부모들의 정리되지 않은 마음이 있습니다. 학교의 역할과 기능에 대한 부분입니다. 학교를 안 갔을 땐 선행 학습 진도를 쭉 빼고 독서활동도 마음껏 했었는데 막상 학교를 보내니 무엇을 하고 오는지 잘 모르겠다고 합니다.

'소중한 하루 한 끼, 급식 먹고 오는 것에 만족해야 하나?' '왕따만 안 당하면 좋겠다' 하는 마음으로 학교생활에 대한 기대감을 낮춥니다. 교과서는 모두 사물함에 두고 다니니 그날 배운 내용을 알 수 없고, 가끔 보는 단원평가 시험지조차 공개되지 않습니다. 수준별 시험과 숙제 등 평가는 학원에 의존합니다.

우리가 주목해야 할 점은 학교보다는 '학교생활'입니다. 사춘기 교우관계를 판단하는 기준은 학교에서의 친구관계입니다. 학원이나 종교 기관이 아닌 학교에서의 친구관계가 일상의 중심이고 자존감과 행복감을 높이는 에너지입니다.

사춘기 아이들에게 교우관계는 존재 그 자체이기 때문에 성적에 영향을 미칩니다. 그만큼 발달상 중요한 과제입니다. '지금 친구들이랑 놀러 다닐 때야? 앞으로 뭘 해서 먹고 살려고 그래?' 하고 부모는 염려할 수 있지만 주관적인 판단일 뿐 사실은 다릅니다. 아이의 친구관계를 제한하는 것은 공부는 물론 성장 발달 면에서 오히려 해가 됩니다.

공부 정서 관점에서 안정적 교우관계는 성적보다 먼저 챙겨야할 일입니다. 불안한 교우관계는 성적을 떨어뜨리는 주요 원인입니다. 성적은 다시 올릴 수 있지만 문제가 생긴 교우관계는 성적보다 회복하기 힘듭니다. 공부는 노력한다면 언제든지 만회할 수 있습니다. 사춘기에 형성하지 못한 사회성은 성인이 되어 만회하기 어렵고 대인관계와 심리적 어려움으로 이어지기 쉽습니다.

교우관계는 공부의 방해 요소가 아닙니다. 건강한 교우관계를 맺어야 공부도 제대로 할 수 있습니다.

사춘기 친구는
오아시스 같은 존재다

아이들이 학교에 가고 싶어 하는 이유는 무엇일까요?

수업 시간에 하는 공부는 힘들지만 학교에 가면 친구들과 놀 수 있기 때문입니다. 돌이켜보면 수업 시간은 지루한 기억으로 남아 있지만 쉬는 시간은 친구들과 놀면서 추억을 쌓습니다. 짧은 시간이지만 친구들과 노는 기쁨은 큽니다.

사춘기에 들어서면 공부 양이 많아지고 어려워집니다. 동시에 여러 가지 고민이 생기는 시기입니다. 힘들 때 친구는 오아시스와 같은 존재이죠. 어른들은 이해하지 못하는 고민을 나누고 서로 위로하고 치유 받으며 성장합니다. 무엇보다 힘든 학교생활에 활력이자 기쁨입니다. 중고등학생이 되면 학교에서 지내는 시간이 하루에 3분의 2가 넘습니다. 가족보다 긴 시간을 학교에서 친구들과 보냅니다. 이제 부모보다 친구가 자신에 대해 더 잘 압니다.

친구가 없는 학교를 상상해 볼까요? 재미있게 놀면서 떠들어야 할 교실에서 아무 말 없이 앉아 있어야 한다면, 급식 시간에 혼자 밥을 먹어야 한다면, 음악실 등 이동 수업에 홀로 가야 한다면, 짝 없는 모둠 활동을 해야 한다면 어떨까요?

상상만 해도 고통스럽고 따분합니다. 날마다 스트레스의 연속일 것입니다. 우리 아이는 친구가 있어서 걱정 없다고요? 아닙니다. 학교에 친구가 하나도 없는 극단적인 상황을 경험하는 아이는 별로 없지만, 친한 친구와 다퉈서 원치 않는 친구와 어울려야 하거나 잠시 외톨이가 되는 상황은 흔하기 때문입니다.

아이 친구의 장점을 찾고
부정적인 판단은 참기

"아이가 집중을 못 하고, 멍하게 있을 때가 많아요. 무슨 일이 있냐고 물으면 별일 없대요. 아는 엄마한테 물어봐도 특별한 일이 없다는데 제 눈에는 우울해 보여요. 속을 모르겠어요. 사춘기라서 그럴까요?"

아이는 교우관계에 문제가 없다고 하는데 우울해 보이는 원인은 무엇일까요? 이 경우가 앞서 말한 친한 친구와 어울리지 못하고, 원치 않는 친구와 다녀야 하는 경우입니다. 친한 친구와 싸운 후 다른 친구와 다니고 있으니 친구가 없는 것은 아니지요. 자존심이 강해 친구에게 먼저 화해하지는 못하고 친구 고민으로 마음은 온통 불편하고 우울합니다.

"아이들이 성장할 때 가족이 제일 중요하죠? 집에서는 정말 잘 지내고 있어요. 학교생활은 조금 힘들어도 부모가 잘해 주면 되지 않을까요?"

상담을 하다 보면 이런 질문도 많이 받습니다. "네. 맞습니다. 아이에게 부모는 중요한 사람입니다. 부모가 아이의 전적인 우주인 시기는 유아기부터 초등학교 입학할 때까지입니다. 학교 공동체 생활을 시작하면 친구가 아이들의 우주가 됩니다. 우주라고 표현하는 이유는 모든 생활의 중심 환경이 되고 그 영향력이 광범위하기 때문입니다."

교우관계 고민은 여학생들에게 많이 나타나는 편입니다. 사춘기 여학생들은 교우관계의 영향력이 남학생보다 훨씬 크기 때문입니다. 이는 남자와 여자가 정체감을 이루는 과정의 차이에서 비롯됩니다. 놀이는 아이들의 대인관계 능력과 정체성을 형성해 가는 시작점입니다.

여아들은 어려서부터 소꿉놀이를 자주하면서 남을 돌보는 역할을 주로 담당합니다. 그 속에서 관계를 배우고 자신의 가치와 정체감을 만듭니다. 여자 아이들의 관계는 소그룹과 단짝 형태가 많고 속 깊은 이야기를 나누며 함께 활동하려는 경향이 있습니다. 남자 아이들은 승부가 있는 놀이를 통해 즐거움을 나누고 이 과정에서 협동심과 승패를 느끼며 정체감을 형성합니다.

이 차이를 알면 사회성을 기르는 데 성별에 따른 중요한 포인트를 이해할 수 있습니다. 여자 아이들이 사회성을 높이려면 대화의 기술이 필요합니다. 상대의 마음을 이해할 수 있는 공감 능력이 필수입니다. 공감 능력은 상대의 관심사에 주의를 기울이고, 경청하는 태도입니다. 남자 아이들은 게임의 법칙을 잘 지키는 것이 중요합니다. 솔직하고 정정당당하고 협력하는 태도가 사회성 발달에 필요합니다. 대화를 잘 이끌어 가는 공감 능력도 필요합니다.

아이들의 공부를 돕는 부모의 태도는 어떤 것일까요? 아이의 교우관계를 공부의 방해 요소로 여기고 관계를 차단하는 행동은 피해야 합니다. 현재 친한 친구들이 공부를 등한시 하고 학생의 본분에 충실하지 못하다면 주의가 필요합니다. 무조건 "그 아이랑 어울리지 마!" 하는 태도는 아이의 반감만 불러일으킵니다.

학원이나 스케줄을 변경해서 자연스럽게 어울리는 친구와 거리를 두게 하고, 대안이 되는 친구를 사귈 수 있는 좋은 환경으로 바꿔 주는 것이 좋습니다. 이때 중요한 점은 자녀에게 부모의 의

사춘기 멘탈 수업

도가 보이지 않게 주의해 주세요.

친구의 좋은 면을 먼저 볼 수 있게 가정에서 멘토 역할을 해 주세요. 교우관계에 크고 작은 어려움이 생길 때 아이가 부모에게 터놓고 말할 수 있는 관계를 우선 만들어야겠죠. 그러려면 평소 아이의 친구들에 대한 섣부른 판단과 부정적인 말은 자제하는 것이 좋습니다. 아이가 친구에 대한 불만을 늘어놓을 때 부모는 아이가 다시 힘들어 하는 게 싫어서 그 친구랑 놀지 말라고 하거나 반대로 자녀가 너무 예민하다고 핀잔을 줄 수 있습니다.

아이들의 교우관계는 해프닝과 오해가 많아서 다음 날이면 오해가 풀리고 바로 해결되는 경우도 많습니다. 아이들의 불평은 하소연이니 들어 주고 판단은 조금 보류해 주세요. 그 친구의 좋은 면이 있는지 관점을 달리해서 생각할 수 있게 대화를 이끌어 주세요.

학군지 이사의 기준은
아이의 회복 탄력성

'이혼보다 힘든 이사'라는 말을 합니다. 자녀가 있는 가정은 이사가 힘듭니다. 이사를 결정했다면 어디로 가야 할지, 아이가 적응을 잘할지, 적응을 못 한다면 어떻게 할지 생각에 끝이 없습니다. 이사를 가기 전까지는 알 수 없는 부분이기에 걱정과 두려움이 밀려옵니다.

빠르면 초등학교 고학년부터 시작되는 사춘기는 이사를 진지하게 고민하는 시기입니다. 학군지로 이사를 할지 말지 의견을 구하는 학부모 상담을 자주합니다. 비학군지에 사는 학부모들은 입시 경쟁이 치열한 환경에서 수능까지 자녀의 성적 위치를 가늠

사춘기 멘탈 수업

할 수 없는 환경에 불안감을 느낍니다.

좋다고 입소문이 난 학원을 보내려면 학군지에 몰려 있어서 주말마다 라이딩을 해야 합니다. 지치는 자신과 아이를 보면서 '이렇게 고생하느니 차라리 이사를 가는 게 낫겠다'라는 생각이 드는 건 당연한 수순입니다.

학군지 이사를 결정할 때는 아이의 의견이 매우 중요합니다. 특히 사춘기에 들어선 아이라면 학군지 이사를 더 민감하게 준비해야 합니다. 엄마가 학군지 이사를 가장 많이 고려하는 경우는 크게 두 가지로 나뉩니다.

첫 번째는 지금 다니는 학교에서 성적이 뛰어나고 교우관계에 크게 영향을 받지 않을 것 같은 '조용한 모범생'입니다. 두 번째는 공부에는 큰 관심이 없고 친구와 노는 데 정신이 팔려 있는 '성격 좋은 활달한 학생'입니다.

전자는 친구의 영향을 많이 받지 않으니 좋은 성적이 이사하는 동기가 됩니다. 부모는 아이가 공부에 집중하느라 학군지 이사 후 교우관계 적응은 힘들지 않을 거라고 생각하기 쉽습니다. 후자는 친구의 영향을 많이 받으니 면학 분위기가 조성된 곳이 아이에게 좋지 않을까 하는 생각에서 학군지 이사를 고려합니다.

학군지 이사는 성적과 교우 문제뿐만 아니라 아이의 성격과 가치관까지 복합적으로 판단해야 하는 어려운 결정입니다. 조용한 모범생 친구가 교우관계에 큰 영향을 받지 않고, 공부에 안정적으로 집중할 수 있었던 이유는 무엇일까요? 좋은 성적과 모범생이라는 위치 때문입니다. 학군지로 이사 간 후 성적이 떨어져 모범생이라는 존재감이 흔들린다면 친구 사귀기가 힘들어질 수 있습니다. 전에는 없었던 아이의 심리적 고통이 교우관계의 어려움으로 번질 수 있습니다. 공부는 심리적 안정이 이뤄져야 성과를 낼 수 있기 때문입니다.

오히려 활달하고 친구와 노는 데 관심 많은 아이가 학군지 이사로 공부에 관심을 가질 수 있습니다. 친구가 좋은 아이는 학원 일정과 공부하느라 바쁜 친구를 따라서 놀기 위해 공부를 시작합니다. 이사 오기 전에는 공부에 신경을 쓰지 않다가 공부를 하니 부모의 칭찬을 받고 성적이 오르니 공부 효능감이 생깁니다. 결과적으로 긍정적인 효과가 더 큽니다.

조용한 모범생 친구는 학군지 이사보다는 현재 위치에서 공부를 하는 게 좋을까요? 판단 기준은 아이의 '회복 탄력성'에 달려 있습니다. 성적이 떨어져도 그 상황을 받아들이고 실패를 극복해 내는 자기 의지가 강해야 합니다. 이런 마음의 준비가 덜 되어 있는 학생이라면 지금 사는 곳에서 열심히 하고 학군지에서 사교육만 받는 방법이 안정적인 선택이 될 수 있습니다.

학군지로 이동을 피해야 하는 아이들은 현재 교우관계가 어렵고 경쟁 상황에 예민한 성향입니다. 새로운 환경에 적응이 힘들어 감정적으로 불안정해질 수 있습니다. 경쟁에 민감한 아이들은 큰 스트레스로 학습 능률과 학습 효능감이 떨어집니다.

사춘기 이후 어렵고 긴 공부를 하기 위해서는 당장의 결과에 일희일비 하지 않는 심리적 융통성이 필요합니다. 이 마음은 '노력하면 성적을 올릴 수 있다'는 자기 믿음에서 비롯됩니다.

이른바 '인싸'로 많은 친구를 알고 인기가 제법 있는 아이들 역시 학군지 이사에 신중해야 합니다. 교우관계에서 자존감을 높이고 즐거움을 얻는 성향의 아이는 이사 와서 갑자기 이방인이 되었을 때 큰 상실과 우울을 경험하기 쉽습니다. 인기 많던 자신의 존재감을 잃었다는 사실을 받아들이기 힘들기 때문입니다. 교우관계는 학습 환경과 학습 효능감에 큰 영향력을 미칩니다. 학군지의 대입 입시 결과를 기준으로 이사를 성급하게 결정하는 것은 위험합니다.

학군지 이사를 계획하고 있다면 먼저 아이와 충분히 대화해 보세요. 지금보다 좋아지는 점과 힘들어지는 점을 객관적으로 알려 주세요. 아이를 이사하고자 하는 학군지의 학원에 보내면서 친구들 얼굴을 익히게 하고 부모님은 지역의 분위기를 잘 살펴보세요. 그런 후 최종 결정은 자녀의 의사를 존중해서 내려야 합니다. 학군지 이사 후 교우관계는 관계대로 힘들어지고 성적은 성적대로 회복이 안 된다면 부모에 대한 원망이 깊어져 관계 악화로 이어질 수 있으니까요.

안 당한 사람은 없다

얼마 전 수능 만점자 두 학생이 텔레비전에 나와서 인터뷰 하는 장면을 보았습니다. 수험생 스트레스를 어떻게 풀었냐는 질문에 공통적인 대답은 '친구들과의 수다로 풀었다'였습니다. 특별한 비결을 기대했던 시청자들은 의외로 평범한 말에 의아해했을 수도 있습니다. 아이의 성적과 성향을 떠나서 청소년기 교우관계는 정서적 안정뿐 아니라 학업 성취도에 있어서 중요한 영향을 미칩니다.

사춘기가 되면 하루에도 몇 번씩 감정이 널을 뛰고, 교우관계도 예민해집니다. 아이들은 교우관계가 어려워지면 온통 여기에 정신이 쏠려 학교생활이 불편해집니다.

안타까운 점은 교우 문제는 사춘기와 별개의 문제인데 아이와 부모 모두 잘못 인지한다는 것입니다. 적절한 시기에 돕지 못하면 마음의 병으로 커질 수 있기에 자녀를 잘 살펴봐야 합니다.

제가 근무하는 곳은 학습 상담 전문센터로 규모가 큰 편입니다. 월요일마다 학습 관련 심리로 유튜브 방송을 했었는데 그때 가장 많은 조회 수와 질문이 쏟아졌던 방송이 '사춘기 교우관계' 편이었습니다. 방송에서 질문 글을 읽다 보면 엄마들의 안타까운 마음이 그대로 전해집니다. 힘들어하는 자녀를 도와주고 싶은데 사춘기 자녀는 어린아이가 아니니 나서서 도와줄 수 없고, 도울 방법을 모르니 답답하고 힘드실 수밖에요.

"원장님, 원래 친하던 친구들이 둘이 있었는데 이제 둘이 친하고, 저를 왕따시켜요. 급식도 혼자 먹어야 해서 창피해요. 일부러 제 앞에서 더 친한 척 웃고, 돌아보면 이야기를 하다가 멈춰요. 거기까지는 참겠는데 다른 아이들과 제 쪽을 힐끔 번갈아보면서 제 욕을 하는 것 같아서 너무 힘들어요. 아침마다 학교 가기 싫고, 집중도 안 돼요. 엄마는 제가 공부 안 하고, 성적 떨어지는 것만 관심 있어요. 지금 고민하는 일은 아무 것도 아니래요. 왕따도 아닌데 신경 쓴다고 다른 친구 사귀래요. 이미 다 노는 그룹이 있어서 어디 끼기가 힘들어요.

애들이 저를 욕하는 것 같아서 다른 친구한테 말 거는 것도 불편해요. 학교도 자퇴하고 싶어요."

"원장님도 왕따 당해 봤어. 대한민국에 왕따 안 당해 본 사람 없을 거야."라고 답하니 "정말요?" 하며 아이는 안도감을 느끼고 속마음을 이야기했어요.

드라마와 영화, 뉴스에서 극단적 왕따를 많이 접하다 보니 '왕따'가 나와 상관없다고 생각할 수 있어요. 실상은 그렇지 않아요. 사람들이 모인 곳은 관계와 무리가 있어요. 무리지어 놀면 모두가 친하게 지내거나 대화에 공평하게 참여하는 것은 불가능해요. 그때마다 소외감을 느끼고 왕따와 비슷한 느낌을 받죠. 우리는 누구나 정도의 차이는 있지만 소외의 경험에서 자유로울 수 없어요.

누구나 경험하는 왕따인데 유독 사춘기 때 경험이 힘들고 평생에 걸쳐 삶에 부정적인 영향을 미치는 이유는 뭘까요? 사춘기 아이들은 관계를 통해 자신을 확인하고 정체성을 만들어 가기 때문이에요. 마음이 혼란스럽고 공부가 힘들어도 친구들과 어울리고, 즐거운 경험으로 함께 버티는 거예요. 이 과정에서 소외되고 견디고 다시 회복하는 경험들이 모여 관계를 성숙하게 이끄는 능력으로 발전하죠. 문제는 사춘기 아이들이 감정적으로 불안정하고 이성적인 판단 능력도 부족하다는 겁니다. 감정적으로 행동하기 쉽고, 자신의 행동이 타인에게 미칠 영향을 통찰할 능력이 부족하니 친구에게 상처를 주는 말이나 행동을 무의식적으로 할 수 있죠.

힘든 교우관계는
초기에 도와주기

아동기 때 교우관계는 상처가 되는 일이 있어도 대체로 빠르게 회복돼요. 아동기는 슬프고 부정적인 감정은 아직 발달하지 않은 상태예요. 긍정적인 감정이 우세해 회복 에너지로 쓰이죠. 부모가 아이 스케줄과 생활을 다 파악하고 있어서 교우 문제가 생기면 친구 엄마를 통해 상황을 알 수 있어요. 화해를 시켜 주는 타이밍도 빠르고 대처가 쉬워요. 아이가 힘들어하면 가정에서 지지해 주고 용기도 북돋아 줄 수 있어요.

사춘기는 여러 감정 중에 우울과 슬픔이 발달해서 같은 문제를 부정적으로 보는 경향이 강해요. 부모가 간섭하는 게 싫어서 집에서 말을 하지 않으니 학교생활을 파악하기 어려워요.

교우관계의 어려움과 사춘기 우울을 어떻게 구별할 수 있을까요? 교우관계 문제와 사춘기 우울은 말이 적어지고, 짜증이 느는 등 보이는 모습은 유사합니다.

두 가지를 구별할 수 있는 포인트는 학교생활에 대한 아이의 반응입니다. 교우 문제가 생겼다면 자녀에게 학교생활에 대해 물었을 때 답을 피하거나 짜증을 내는 일이 다반사예요. 과하게 화를 내기도 해요. 일상 대화에서 '학교 가기 싫다' 혹은 '검정고시로 대학 가는 게 좋을 것 같다' 등 학교를 그만두고 싶다는 간접 표현을 하기도 합니다. 부모는 "그때는 다 힘들어. 그래도 학교는 다녀야지"라고 조언하세요. 부모 세대와 요즘 자녀 세대가 생각의 큰 차이를 나타내는 것 중에 하나가 학교생활입니다.

요즘 아이들은 학교생활을 반드시 꼭 해야 한다고 생각하지 않아요. 자신이 원하면 그만둘 수 있다고 생각해요. 고통을 피할 수 있다면 자퇴라는 선택지를 고려해요. 그 전에 전학을 선택하기도 하지만 새로운 학교 적응에 실패하면 결국 학교를 그만둡니다. 여러 방법으로 노력해도 견디기 힘들다면 학교생활을 중단하고 다른 방식으로 학업을 이어 가는 것도 방법이 될 수 있어요.

가장 좋은 해결책은 부모가 초기에 어려움을 파악하는 일입니다. 자녀가 견뎌 낼 수 있도록 정서적으로 지지해 주면서 문제를 해결하는 쪽이 좋습니다. 사춘기 왕따와 교우관계의 어려움은 사회성 성장에 빠질 수 없는 과정이기 때문입니다. 아이가 죽을 만큼 힘들다고 했지만 새로운 친구를 사귀면서 회복이 되고 새 학기, 새 학년으로 바뀌면서 교우관계가 좋아지는 경우를 많이 봅니다. 힘든 상황을 함께 잘 넘기면 부모와 돈독한 우정이 생깁니다.

부모가 자녀를 믿어 주고 지지하면서 함께 견뎌 주세요. 아이가 외로운 싸움을 홀로 하지 않도록 아이를 응원해 주세요. 부모님도 어떻게 해결해야 할지 모르겠다면 전문 기관을 찾아 전문가의 도움을 받아 보세요.

단짝을 선호하는 아이는
집착하지 않게 하기

어떤 아이는 단짝을 선호해요. '단짝이냐, 무리 친구이냐' 결정은 주로 아이 성격과 그동안 교우관계 경험에 영향을 받아요. 내향적인 성격은 속 깊은 이야기를 나누고 싶어 해서 다수보다 소수 관계를 원해요. 말이 많은 편이 아니라 여러 아이들을 사귀기는 것이 부담스럽기도 하고요. 심리적으로 볼 때 안정감과 애착 욕구가 강한 경우도 단짝 친구를 원해요. 바쁜 맞벌이 부모 아래서 성장해 누군가가 내 옆에 항상 있었으면 좋겠다는 바람이 단짝 교우관계로 연결돼요.

무리 친구를 추구하는 아이들 중에는 외향적인 성격이 많아요. 에너지가 외부 놀이에 맞춰져 있어 다수를 선호하죠. 두루두루 친하다고 교우관계를 표현하면 친한 친구가 있으면서 다수인지 확인할 필요가 있어요. 어떤 아이들은 어릴 적 또래 관계의 상처 때문에 깊은 교우를 맺지 못하기도 하니까요.

단짝 친구 간 갈등은 소유욕이 원인이에요. 사랑은 소유욕과 질투를 불러일으켜요. 우정도 사랑의 감정 중에 하나이니 당연한 현상이에요. 두 친구가 내향형으로 성격이 같으면 둘의 관계가 안정적이지만 한 친구가 외향적이면 단짝 친구 외에 다른 친구들도 사귀려는 과정에서 내향 친구는 섭섭하고 힘든 감정을 느껴요.

단짝 친구와 갈등을 피하면서 건강한 관계를 유지하기 위해서 '이 친구가 아니면 안 된다', '나는 외톨이가 될 수도 있어'라는 불안감에서 벗어나야 해요. 대인관계 안정성은 성장 과정에서 부모와의 애착관계가 어떠했는지에 영향을 받아요. 자녀가 성장 과정에서 부모와 애착 형성이 부족했다면 교우관계에서도 불안해하고 힘들어할 수 있어요.

단짝 때문에 힘들어하는 것 같으면 무슨 일이 있는지 눈치만 보지 마시고, 한번 물어보세요. '그런 친구랑 놀아야 해? 놀지 마' 이런 말은 삼가 주세요. 대안이 없는 상태에서 새로운 친구를 사귀라는 말은 자녀를 더 힘들게 합니다. 이런 때는 잠시 친구 역할을 해주고, 고민도 들어 주세요. 시간을 두고, 다른 친구들과도 친해질 수 있게 격려해 주세요. 그것만으로 충분합니다.

부모가 사춘기 자녀의 교우관계를 직접적으로 도와줄 수는 없지만, 건강한 관계를 이어갈 수 있도록 정서적 지지로 안정감을 느끼게 해주면 긍정적인 효과를 볼 수 있습니다. 공부 외의 학교생활에 더 관심 가져 주고, 함께 관심사를 나누는 일이 시작입니다.

친구와 부모의 역할 차이를 명확하게 말해 주세요. 친구에게 고민을 털어놓고 편하게 이야기를 할 순 있지만, 문제를 해결해 주는 사람은 부모라는 생각을 심어 주세요. 결정적인 상황에서는 부모와 상의하는 것이 유익하고 안전합니다. 사춘기 부모는 대인관계 문제에서도 든든한 버팀목이 되어 줘야 합니다.

친구 사이
삼각관계 대처법

"모든 아이에게 단짝이 필요할까요? 건강한 친구관계를 유지하면서 서로 집착하지 않고 지낼 수 있을까요?"

학교에 가보면 무리 지어 어울리는 아이들과 둘이 단짝으로 붙어 있는 아이들의 모습을 자주 봅니다. 사춘기 교우관계는 아동기와 달리 반 전체가 두루 친한 경우라도 무리와 친한 친구는 따로 있는 게 일반적인 상황입니다.

'삼삼오오'라는 말을 아시죠? '무리 지어 있다'는 뜻인데 가장 흔하게 보이는 수가 3명, 5명이어서 붙여진 말입니다. 고전 소설

『삼총사』도 그렇고 한창 연애와 일 사이에서 갈등하는 여성들이 주인공인 드라마도 등장인물은 세 명인 경우가 많아요. 대인관계에서 '삼각관계'는 갈등의 씨앗이죠. 원래 친한 두 명과 새롭게 등장한 한 명이 함께 친하다 그중 한 명이 관계를 흔들죠. 흔히 삼각관계는 남녀관계에서 발생한다고 생각할 수 있는데 친구관계에서 더 흔해요.

삼각형은 한 꼭짓점과 하단 수평 두 점으로 구성되어 있어요. 균형이 잘 맞는다면 굉장히 안정이에요. 삼각형 속성을 교우관계에 적용해 보면 적당히 친한 두 친구가 수평점이 돼요. 두 친구 관심을 모두 받거나 균형을 맞추는 한 친구가 꼭짓점 역할을 하죠. 이해를 돕기 위해 아이들을 '꼭짓점 친구'와 '수평점 친구'로 부를게요.

교우관계의 갈등 상황은 꼭짓점 친구가 수평점 친구 중 한 친구와 갈등하고, 나머지 한 친구를 소외시키면서 발생해요. 꼭짓점 친구가 본인이 원하는 대로 관계를 이끌고 싶을 때 한 친구를 소외시켜요. 관계 조정의 수단으로 삼죠. 소외를 당하는 친구는 소외가 겁나서 꼭짓점 친구가 싫어도 원하는 바에 따르게 되죠. 이 관계가 반복되면 위협을 받는 친구는 교우관계 만족감이 매우 떨어져요.

반대 경우도 있어요. 꼭짓점 친구가 두 수평점 친구 모두에게 소외 경험을 주었다면 다시 소외를 관계 조정 수단으로 사용하려 했을 때 두 친구가 연합해 꼭짓점 친구를 소외시키죠. 5명 무리도 비슷해요. 꼭짓점 친구가 여러 명과 친하고, 다른 친구들이 3명, 2명씩 짝을 이루고 소외된 친구들끼리 연합을 반복하죠.

무리 교우관계에서 갈등과 삼각관계를 피하려면 무리의 꼭짓점이 되는 친구의 성격을 파악하고, 대응하는 것이 필요해요. 꼭짓점 친구가 대인관계에서 관심을 독차지하려 하고, 관계를 조정하려고 한다면, 앞으로도 그 관계 갈등이 반복될 가능성이 높아요. 꼭짓점 친구 외에 다른 친구들과 폭넓게 친하게 지내도록 노력하는 것이 좋아요. 내향적인 성격으로 다른 친구를 사귀기 힘들다면 다른 수평점 친구와 더 친해지려고 노력하다 보면 관계의 균형이 맞춰져요.

소외가 두려워서 과도하게 친구에게 맞춰 주는 행동은 향후 교우관계에 악영향을 미치니 주의해야 해요. 가끔 친구의 요구에 맞춰 줄 수 있지만, 원하지 않을 때에는 거절도 할 수 있어야 해요. 친구가 원하는 대로 맞춰 주기만 하는 관계는 균형이 깨져서 계속 불안정할 수밖에 없거든요.

친구와 공부하면
도움이 되는 아이

"우리 아들은 친구만 좋아해요. 학원에 공부하러 가는지, 친구랑 놀러 가는지 모르겠어요. 놀라고 보내는 건 아닌데 성적도 안 오르고 학원 전기세 내러 다니는 것 같아요. 애한테 짜증내고 화내면서 싸우니 힘들어요."

"친구도 없이 저렇게 공부만 한다고 매달려 있는 게 걱정되고 안쓰러워요."

상담을 하다 보면 아이가 친구가 많아도 걱정, 친구 없이 공부만 해도 걱정하는 엄마들을 자주 만납니다. 친구는 같이 노는 상대로 여겨서 친구와 공부한다고 하면 효율이 떨어질 것이라고 생각하는데 이런 생각이 선입견일 때가 있습니다. 성격에 따라 친구와 공부하는 게 훨씬 효과적인 아이가 있으니까요.

이때 도움이 되는 것이 MBTI 성격 유형 검사입니다. '지구상에 얼마나 많은 사람이 있는데 사람 성격이 고작 16가지에 속한다는 것은 말이 안 된다' 생각해서 검사 자체를 싫어하시는 분도 있어요.

MBTI를 변하지 않는 성격으로 생각하면 이런 오해를 할 수 있어요. MBTI는 고정화된 성격이 아니라 개인의 에너지 방향, 정보 처리 방식, 판단 기준, 생활 양식에서 현재 자신이 우선적으로 사용하는 기능의 조합입니다. 검사로 알 수 있는 것은 지금 내가 주로 사용하는 기능과 우선순위예요.

아이의 MBTI를 알면 공부 스타일을 찾는 데 유용합니다.

MBTI 중 E인 외향형 아이들은 에너지 흐름이 외부를 향해요. 활동을 선호하고, 공부도 나가서 하는 것을 좋아해요. 그러니 대형 학원이나 친구들과 공부하고 싶어 해요. 집에서 혼자 조용히 공부하는 것보다 스터디카페가 편할 수 있죠. I인 내향형 아이들은 밖에서 너무 많은 활동을 하면 에너지가 소진되고, 집에서 혼자 있는 시간이 확보되어야 에너지가 충전돼요.

판단 기준이 되는 사고(T)형과 감정(F)형은 공부 스타일과 교우관계에 지대한 영향을 미쳐요. 사고형 아이들은 친구보다 공부가 우선이어서 친구관계를 조절할 수 있어요. 감정형은 친구관계가 모든 판단에 우선이기 때문에 공부가 후순위로 밀려나죠.

외향형에 사고형인 아이는 친구와 함께 공부하면 에너지가 생겨요. 공부를 우선순위로 하고 교우관계를 조절할 수 있어서 좋아요. 외향형이어도 감정 중심의 아이는 교우관계를 조절하기 어려울 수 있어요. 친구와 공부하는 것을 허용하되 잘 관찰해서 융통성 있게 판단해 주어야 해요. 공부를 열심히 하면서 서로 자극을 주고받는 친구들은 공부 에너지를 높이는 데 도움이 될 수 있지만, 놀기 좋아하는 친구들이라면 함께 공부하는 것이 도움이 되지 않아요. 이때 기준이 되는 것은 어울리는 친구들의 성향과 상황입니다.

학습 상담 경험에 비춰볼 때 학원은 내부적으로 관리를 하기 때문에 함께 다니면서 시너지가 날 수 있지만 스터디카페에 3명 이상 친구가 어울려 다니면 공부에 집중하기 어려우니 주의해야 해요.

친구와 공부하면
방해가 되는 아이

내향적이고 사고형인 아이들은 다수 친구와 어울려 공부하는 게 오히려 방해되기도 해요. 친구들과 있으면 아무래도 함께하는 활동이 생기는데 내향형은 그런 활동을 거절하는 게 힘들 수 있으니까요. 내향형이면서 감정형인 친구는 2~3명 소수 친구와 함께 학원을 다니면서 공부하는 것이 좋아요. 친구관계가 중요한 감정형은 친구와 연락하고 놀 시간이 필요한데 학원에서 연락하고 놀 시간을 겸하면 지루해하지 않을 수 있죠. 같은 내향형이어도 사고가 주 기능인 아이들은 필요한 학습 및 커리큘럼이라면 혼자 공부하는 것을 더 선호해요. 혼자 공부하는 것이 더 집중이 잘되어 친구가 다니는 학원을 스스로 피하기도 해요.

성격에 따라 교우관계에도 주의해야 할 점이 있어요. 외향형, 내향형 친구 사이 갈등은 주로 오해가 문제예요. 외향형 친구는 활동을 좋아해서 이런저런 활동을 제안하는데 내향형 친구는 집돌이라 자주 거절하게 되죠. 외향형 친구는 거절당하는 게 기분 나쁠 수도 있고, 놀고 싶은데 단짝이 움직여 주지 않으니 다른 친구들이랑 어울리게 되어 내향형 친구가 소외를 경험해요. 이럴 때 내향형 친구는 외향형 친구의 요청에 때로는 하기 싫어도 응하는 노력이 필요하고, 외향형 친구는 내향형 친구가 활동에 응하지 않는 것을 거절로 해석해서 기분 나빠하지 않아야 해요. 성향에 따라 선호하는 활동은 다르니까요.

사고형과 감정형은 공감이 이뤄지지 않는 경우가 많아요. 사고형은 할 일이 다 끝나야 마음 편히 놀 수 있어서 공부가 먼저예요. 감정형은 친구가 더 중요하다고 생각해서 공부를 미룰 수도 있죠. 감정형은 사고형이 공부를 우선순위에 두면 이기적이고, 친구를 소중하게 대하지 않는다고 서운해할 수 있어요. 사고형은 조그만 일에 섭섭해하는 감정형 친구를 이해하지 못하죠.

아이가 감정형이라면 개인의 성향과 가치관에 따라 판단의 우선순위는 다르다고 말해 주세요. 친구를 가볍게 여겨서가 아니라는 점을 이해시켜서 감정형 아이가 마음의 상처를 받지 않도록 도와주세요.

남사친 여사친도
발달에 필요하다

"핸드폰을 끼고 살아요. 금방 친구랑 놀다 왔는데 카톡으로 계속 연락하고, 엘리베이터 탈 때 페이스북 보고, 같이 외식 가면 인스타 올린다고 얘기도 안 하고, 사진 찍느라 바빠요. 제일 걱정되는 건 남자친구도 많아서 저녁에 친구 만나러 나간다고 하면 걱정되고, 그 친구 누구냐고 물으면 그냥 친구라고만 하네요. 애들 아빠가 남녀 사이에 친구가 어디 있냐고 해서 둘이 크게 부딪혔어요. 세대차이 난다며 그마나 하던 말도 요즘에는 안 해요. 남사친은 어디까지 허용해 줘야 하나요?"

"전에는 없었는데 남사친 여사친은 왜 생긴 걸까요? 꼭 있어야 하나요? 긍정적인 점과 부정적인 점은 무엇일까요?"

부모 세대와 자녀 세대 교우관계의 큰 차이점은 연애관계가 아닌 이성 친구가 존재한다는 겁니다. 특히 딸을 둔 아버지들은 조심하라는 의미에서 '남녀 사이에는 친구가 없다'고 자주 조언을 하는데 아이들은 공감하지 못해요. 아이들 입장에서는 이성적인 감정이 없는 남자 친구가 존재하니까요.

요즘 아이들은 유치원 때부터 여러 학원을 다니면서 또래 친구를 많이 만나요. 학교에서 같은 반이 아니어도 알고 지내는 아이들이 꽤 있어요. 사춘기가 시작되는 초등 고학년에서 중학생 시기의 아이들은 이성에 관심이 생기면서 남녀 학생이 어울려 다녀요. 부모 세대에 남녀가 몰려다니면 소위 '노는 애들'이었는데 지금은 아주 흔한 모습입니다.

사춘기 남녀 학생이 함께 있는 모습을 잘 관찰해 보면 나이에 따라 양상이 달라요. 중학생은 다수 아이들이 혼성으로 있어요. 고등학생은 남녀 둘이나 남녀 중 한 쪽이 많고, 이성이 한두 명씩 섞여 있어요. 중학생은 보이는 대로 남녀 관심이 있을 뿐 아직 연애 감정으로 발전하지 않은 남녀 이성 친구예요. 말 그대로 '남사친, 여사친'입니다.

고등학생 때는 다수 아이들이 남자 여자로 어울리기보다 동성 친구가 중심이 돼죠. 알고 지낸 남사친을 가끔 만나거나 무리 친구 중 연애하는 친구들과 이성 친구의 친구를 동반한 경우를 제외하면 중학생 때보다 남녀 친구가 어울리는 빈도는 줄어들어요.

중학생과 고등학생의 이성 친구는 어떻게 다른 걸까요? 중학생 이성 친구는 본질상 친구에 가까워요. 교우 문제가 남녀 간에 발생하면 이건 연애관계라기보다 친구 사이 오해인 경우가 많아요. 이성 친구 사이에 문제가 발생하면 오히려 더 배척하고 각종 소문으로 힘들 수 있으니 주의해야 해요.

고등학생 시기에는 남학생은 남성으로 여학생은 여성으로 성숙해서 서로 보는 눈이 바뀌어요. 먼저 이성에 대한 호감이 생기고, 다음으로 친구 감정을 갖게 되니 연애 감정에 더 가까울 수 있어요. 문제가 되는 경우 이성관에 영향을 줄 수 있으니 긍정적 관점을 가질 수 있게 서로를 존중해 주는 자세가 중요해요.

부모로서 어떤 점에 유의해서 아이들 이성관계를 살피는 게 좋을까요? 중학생 때 남사친 여사친이 많은 것은 자연스러운 현상으로 받아들여 주세요. 중학생은 한창 사춘기가 피크인 시기로 서로가 혼란스럽고, 공격성도 있을 때라 오히려 남녀 친구를 이해할 수 있도록 도와주는 것이 바람직해요.

예를 들면 여동생이 있는 남학생은 이성 친구를 짓궂게 놀리는 것에 익숙할 수 있어요. 이런 말투나 놀리는 말을 같은 반 여학생에게 해서 기분을 상하게 하면 의도와 달리 큰 오해를 살 수 있어요. 오빠가 있는 여학생도 이 부분은 마찬가지예요. 오해를 일으키는 사건이 평판이 되고 당사자를 떠나 다른 이성 친구들 무리에서 회자되면 억울한 일이 발생할 수 있어요. 집에서 남녀 형제 중 한 명이 사춘기가 되면 서로 놀리거나 신체 접촉은 하지 않게 주의시켜 주세요. 특히 외모로 비하하거나 놀리는 행동은 상대에게 뜻하지 않은 상처를 줄 수 있으니 유의해야 해요.

특정 이성 친구와 연락이 잦다면 아이는 아니라고 하겠지만 '썸' 단계 혹은 짝사랑에 가까울 수 있어요. 아이가 이성 친구에게 잘 보이려고 멋을 내고, 여학생이라면 화장을 할 수도 있죠. 부모 입장에서 공부해야 할 아이가 이런 모습을 보이면 매사 날카롭게 스케줄을 살피게 되고 '누구 신경 쓰지 마'라고 강압적으로 말할 수도 있어요. 사람을 좋아하는 마음은 자연스럽고 조절하기 어려워요. 아이의 마음이 이해되지 않더라도 이로 인해 아이와 관계가 나빠지지 않도록 노력하는 게 중요해요.

사춘기 남녀 친구는 걱정보다 긍정적 방향으로 바라봐 주세요. '모태 솔로'라는 말을 아시죠? 모태 솔로는 대체로 사춘기에 이성에게 관심이 없어서 접촉해 본 경험이 적거나 이성 친구에게 받은 상처로 이성에 대한 부정적 이미지 혹은 두려움이 생긴 것이 원인이 되기도 해요. 이런 친구들은 이성에 대한 두려움이나 표현이 서툴러서 연애관계로 발전하지 못하는 경우가 많아요.

나이가 들면 자연스럽게 연애를 하게 될 것 같지만 꼭 그렇진 않아요. 사춘기 시절에 이성에게 관심을 갖고, 짝사랑도 해보고, 어울리는 경험을 하면서 배우는 부분이 큽니다. 사춘기 남녀 친구관계는 이성의 다른 점을 이해하고 서로 표현하는 방법을 알아가는 기회가 될 수 있습니다.

사춘기에
피해야 할 친구들

상담을 하면서 아이들을 만나 보면 동성 친구든 이성 친구든 친구가 많을수록 좋다고 여겨요. 남녀노소를 불문하고 복이 되기도 하고 화가 되기도 하는 게 사람입니다. 아이들에게도 피해야 할 친구가 존재합니다.

사춘기는 친구들의 영향을 많이 받는 시기예요. 친구도 신중하게 사귀는 게 필요하죠. 피해야 하는 친구 유형은 먼저 '나를 함부로 대하는 친구'예요. 상식적으로 생각하면 이런 아이들과는 애초에 친구가 되지 않을 것 같지만 실제 교우관계에서는 구별하기가 쉽지 않아요.

일대일 관계에서는 친하고 좋은 친구지만 다대일 관계가 되었을 때 여러 사람 앞에서 망신을 줍니다. 부탁을 가장해서 자신이 할 일을 시키고 장난치는 척하면서 괴롭히는 행동을 한다면 나를 함부로 대하는 친구입니다.

진짜 친구라면 어떤 상황에서도 상대를 존중합니다. 친구에게 모르고 실수로 무례한 일을 했다면 사과하고 다시는 반복하지 말아야 합니다.

'집착하며 단짝을 강요하는 친구'가 있어요. 처음에 과하게 잘해 주는 착한 모습은 상대의 마음을 쉽게 끌리게 하기 때문에 관찰하면서 주의할 필요가 있어요.

'단짝'이라는 이름으로 구속하고, 자신의 감정을 여과 없이 친구관계에서 쏟아 내고 다른 친구를 만나지 못하게 하는 특성이 있어요. 감정적으로 착취당하는 관계입니다. 다른 친구가 없다면 아이는 힘들어도 요구를 다 맞춰 주게 되죠.

사회적으로 문제가 되는 '가스라이팅'도 시작은 한 사람에게 의존하는 마음에서 시작됩니다. 다른 사람들과의 관계가 없이 고립된 상황에서 일어나기 쉬워요. 자녀가 한 친구와의 관계에 집착해서 고통당하고 있다면 관계를 이어 가거나 관계를 끊는 선택권, 그리고 다른 친구와 사귈 수 있는 선택권은 스스로에게 있

다는 점을 깨닫게 도와주세요. 대인관계에 자신감을 갖게 지지해
주세요. 청소년기에 다양한 친구 경험은 평생 사회성의 밑바탕이
됩니다.

　자녀가 분명 친구는 있는데 교우 문제로 힘들어하고 학교 가는
것을 즐거워하지 않으면 주위에 어떤 친구가 있는지 살펴보세요.
힘들어하면 솔직하게 터놓고 이야기하면서 함께 해결점을 찾아
주세요.

　　　　　　　　　　　　　　　　　　사춘기 멘탈 수업

학교 폭력의 유형
알고 대처하기

'아이들은 싸우면서 큰다'는 말은 이제 옛말입니다. 학교 폭력 소재의 드라마와 영화의 인기가 높고 고위 공직자의 자녀가 학교 폭력에 연루되어 인사가 낙마되었습니다. 학폭 전문 변호사가 유망 직종이라는 말까지 합니다.

학교 폭력은 형법에서 범죄로 규정되어 있습니다. 학교 폭력의 가해 학생이 만 14세 이상인 경우에는 성인과 동일한 법적 책임을 져야 하고 가해행위에 따라 구체적인 형량이 부과될 만한 중대 사안입니다. 형사 소송에 제기되지 않더라도 학교는 퇴학, 징계, 전학 등의 제재를 가할 수 있습니다.

대안학교에서 상담 교사로 봉사한 적이 있습니다. 학교 폭력으로 다니던 학교를 다닐 수 없게 된 아이들이 선택하는 기관이었어요. 여느 학교 학생들처럼 웃고 떠들며 밝게 보이지만, 마음에 상처가 많은 아이들입니다. 대안학교는 아이들에게 안전한 환경을 제공했지만 특성상 공부보다는 자유로운 분위기가 우선되죠. 상처받은 마음을 치유하는 데 집중하도록 학사 프로그램이 짜여 있어서 입시 공부는 당연히 공백이 생깁니다. 학생들과 학부모들은 다시 일반 학교로 돌아가야 한다는 부담을 느낍니다. 그러나 대부분은 학교로 돌아가지 못하고 검정고시를 선택합니다. 아이들은 학창 시절을 잃고 인생 전체가 흔들립니다.

교육부에 따르면 2022년 1학기 전국 초·중·고교 학교폭력대책심의위원회(학폭위) 심의 건수는 모두 9,796건이라고 합니다. 대면 수업 재개 이후 가파르게 증가세를 보이고 있습니다. 학폭 건수가 늘고 있는 것은 학폭으로 분류되는 사건의 유형이 이전 세대와 달라 매우 다양하기 때문입니다.

학교 폭력은 치고 박고 싸우는 거친 몸싸움만 해당하지 않습니다. 신체적 정신적 공격은 물론 언어적인 놀림과 괴롭힘, 협박 등 다양합니다. 악의 없는 말과 행동이라도 당하는 아이가 폭력이라고 느꼈다면 학폭위가 열리기도 합니다.

남학생들은 친구에게 별명을 붙여 부르거나 트집을 잡아 놀리고 망신 주는 일이 많습니다. 체구가 작거나 힘이 약한 친구에게 이유 없이 시비를 걸고 부당한 요구를 합니다. 친구가 없이 지내는 학생도 피해 대상이 됩니다. 숙제를 대신 해오라거나 준비물을 대신 챙겨오라고 합니다. 드라마에서 보는 장면처럼 쉬는 시간에 간식 셔틀을 시키고 금품을 요구하기도 합니다. 가해 학생은 동영상을 찍어서 협박도구로 삼습니다. 피해 학생은 괴롭힘을 당하는 영상이 유포될까봐 항상 불안에 떨면서 부당한 요구에 응할 수밖에 없습니다. 이것이 예전보다 피해 학생이 더 힘든 이유입니다.

여학생들에게 자주 일어나는 폭력은 간접적인 형태로 카톡방에서 이뤄져요. 갑자기 괴롭힘을 당하는 아이를 강제로 카톡방에 초대합니다. 언어폭력을 가한 후 카톡방을 나가 흔적을 없애요. 자기도 모르게 카톡방이 열리고 온갖 욕설과 모욕을 듣습니다. 대면으로 폭력을 가하는 것이 아니기에 많은 아이들이 죄책감 없이 동조합니다. 피해 학생은 고통이 크다며 심리적 어려움을 호소합니다. 대면은 피하면 되지만 휴대폰이 필수품인 시대에 휴대폰 자체가 온종일 불안과 공포의 대상이 되니까요.

남녀 학생 간 괴롭힘도 휴대폰을 이용할 때가 많습니다. 남학생이 여학생에게 집요하게 성적 요구를 하면서 음담패설을 내뱉습니다. 자신의 신체 부위나 성적인 사진을 보냅니다. 여학생은 남학생에 대한 악의적 소문을 카톡이나 SNS로 유포하는 경우가 흔합니다. 사이버 공간이라는 점이 과감한 행동을 조장합니다.

'뉴스에 나오는 일이 설마 우리 아이 학교에서 일어나겠어?' 라고 생각할 수 있습니다. 극단적인 사례는 흔하지 않아도 크고 작은 학교 폭력은 예나 지금이나 학교 안에 항상 존재해요. 착한 내 자녀가 가해자가 될 수도 있고 활달했던 아이가 피해자가 되어 학교생활을 중단할 수도 있습니다.

실제 학교 폭력에 연루되면 어떻게 해야 하나요? 부모와 아이들은 학교폭력이 일어나면 어떻게 되는지, 어떻게 해결할 수 있는지 절차와 내용을 알고 있으면 막연한 불안감을 줄일 수 있습니다. 먼저 학교 폭력은 발견이 가장 중요합니다. 학교 폭력 현장을 목격하면 그 사실을 학교와 관계 기관에 신고할 의무가 있고, 교원은 학교장에게 보고해야 합니다. 학교 폭력이 인지되면 학교는 48시간 내 교육청에 보고하고, 피해 유형에 따라 조치하는 것이 매뉴얼입니다. 신체 폭력 경우는 보건실에서 조치하고 심한 경우 병원에서 진단서를 발급받습니다.

언어폭력과 휴대폰 폭력은 증거를 확보합니다. 개인적인 대처와 답장으로 대응하지 않고 학교 상담 선생님이나 전문 기관 상담사에게 상담을 받는 것이 좋습니다. 이때 긴급 조치로 피해 학생은 보호하고, 가해 학생은 선도 처리됩니다. 이후 학교장 책임 하에 전담 기구가 만들어지고, 조사 담당자로 교감, 담임교사, 보건교사, 전문 상담사 혹은 전문 교사가 가해자, 피해자, 목격자, 보호자 면담을 통해 사안을 확인 보고합니다.

학폭위가 개최되는 것은 사건인지 14일 이내입니다. 5인 이상, 10인 이하 위원이 구성되고 이때 나온 결과의 수용 여부에 따라 가해 학생에게 서면사과, 피해 학생에 대한 접촉 금지, 학교 봉사 등의 조치와 심한 경우 출석정지가 내려질 수 있습니다. 이 경우도 가해 학생과 부모에게 의견 제시의 기회가 있습니다. 학폭위 결정에 불복하면 조치를 받은 날로부터 15일 이내 시도 지역위원회에 재심을 신청할 수 있습니다. 이후 권리구제 제도인 행정 심판이 진행됩니다.

자세한 내용은 온라인행정심판(http://www.simpan.go.kr/nsph/index.do)을 통해 도움을 받을 수 있습니다. 이외 학폭 화해나 분쟁 조정을 위한 무료 전문가 법률 상담은 푸른나무 재단(http://www.btf.or.kr)을 통해 도움을 받을 수 있습니다.

가해자나 피해자가
되지 않는 예방법

학교 폭력에 가해자나 피해자가 되지 않으려면 어떻게 해야 할까요? 부모로서 도울 수 있는 일이 있을까요? 학교 폭력이야말로 부모가 자녀를 돕고 돌봐야 하는 가장 중요 사안입니다.

학교 폭력 가해자의 부모를 만나 보면 폭력에 둔감합니다. 아이가 어렸을 때 혹은 현재 가정에서 자녀를 심하게 비난하는 언어와 신체 폭력을 가한 일이 많습니다. 부모들은 자신을 다혈질이라고 소개하지만 갑자기 화를 폭발하는 양육 태도는 자녀에게 화를 대물림합니다. 똑같은 패턴으로 친구들을 대하니 학교 폭력을 일으킵니다.

사춘기 멘탈 수업

가해 학생에게 피해 학생을 왜 괴롭혔냐고 물으면 참 어이없는 대답이 돌아옵니다. 어제 부모님께 심하게 꾸중을 들었고 기분이 안 좋은 상태에서 친구가 거슬리는 행동을 했다며 자신을 화나게 했으니 어쩔 수 없었다는 겁니다. 부모의 화가 자녀에게 전달되어서 아무 잘못 없는 교실의 약한 친구에게 폭력을 일삼습니다.

내 아이가 학교 폭력의 가해자가 되지 않는 예방법이 있습니다. 가정에서는 청소년 자녀에게 화를 참았다가 폭발하는 일을 삼가 주세요. 아이와 관계가 멀어질까봐 걱정되는 마음에 훈육을 참으면 안 됩니다. 그때그때 바로잡지 않으면 결국 작은 일에도 화를 크게 낼 수밖에 없습니다. 오히려 관계가 악화됩니다. 자녀는 건강하지 않은 감정 해소 패턴을 학습합니다. 어린 나이의 실수로 학교 폭력의 가해자가 되었다면 전문가의 상담 프로그램 등 지원 서비스를 받아야 합니다.

자녀가 학교 폭력의 피해자가 되지 않으려면 친구를 사귀는 능력을 길러놓는 것이 좋습니다. 교우관계가 어려운 상태라면 부모가 아이의 친구가 되어 주세요. 항상 학교생활에 대해 관심 갖고 관찰해 주세요. 동물 다큐멘터리는 약육강식의 세계를 보여줍니다. 초식 동물이 무리를 이루고 있는 이유는 무리에서 이탈하면 맹수의 먹이가 되기 때문입니다. 학교 폭력도 이것과 비슷합니다.

평소 친구가 없으면 나를 지켜줄 무리와 울타리가 없다는 것을 뜻합니다. 학교에 친구 울타리가 없는 아이에게 가정에서라도 아이의 보호막이 되어 주세요.

학교에서 담임선생님이 관심을 갖고 살필 수 있게 정기적인 면담을 하는 방법도 중요합니다. 아이가 자기 의견과 주장을 적절하게 표현할 수 있도록 꾸준히 대화를 나눠 주세요. 어렵고 힘든 일은 아이가 부모에게 털어놓을 수 있게 든든한 버팀목이 되어 주세요. 피해 학생이 도움을 청하지 못하거나 부모와 교사가 둔감하게 반응하면 심각한 학교 폭력이 발생합니다.

내 아이가 방관자로 학교 폭력에 노출되지 않게 하기 위해서는 타인에 대한 관심과 돕는 습관을 생활에서 가르쳐야 합니다. 특히 타인에 대한 공감 능력을 기르는 것이 중요합니다. 자신의 마음을 표현하는 태도가 공감 능력을 기르는 시작입니다.

아이가 평소에 자신의 감정을 표현할 수 있게 기회를 주고, 부모가 잘 들어 주세요. 아이의 마음을 받아 주는 넉넉함과 따뜻함이 필요합니다. 자신의 감정을 누군가 보듬어 주면 타인을 공감할 수 있는 에너지를 얻고, 대인관계 능력을 발달시키는 원동력이 됩니다.

아이의 정체성은
친구가 만든다

청소년기는 아동과 성인기 사이에 있는 과도기입니다. 아동은 타고난 기질과 가정의 양육 환경에 영향을 받습니다. 청소년은 학교와 친구가 발달의 핵심 동력이죠. 학교에서 지식을 습득하고 다양한 문제 해결 능력을 기르고, 친구관계에서 타인과 어떻게 관계 맺는지 배웁니다. 이 두 가지가 어우러져 사회성이 키워져요.

사람들은 자신이 어떤 사람인지에 대한 생각을 가지고 있어요. 지금 책을 읽고 있는 여러분은 '나는 어떤 사람'이라는 정의를 어떻게 하게 됐는지 생각해 본 적 있나요? 저는 같은 질문을 상담심리를 공부하면서 교수님께 처음 들었어요. '내가 어떤 사람이라는 생각이 어디서 왔을까?' 곰곰이 생각해 보니 모두 다른 사람에게 들은 말이었다는 사실에 놀랐습니다.

인간은 자신이 어떤 사람인지 스스로 알 수는 없어요. '나'라는 개념은 스스로 만든 것이 아니라 타인의 평가나 말에 의해 생겨요. 발달 관점에서 보면 아동기에 가장 중요한 사람은 부모입니다. 부모가 제일 많은 이야기를 해주고 자아상을 비춰 줍니다. 이때 자존감이 형성됩니다. 내가 사랑받을 만한 사람인지, 괜찮은 사람인지 아이들은 부모의 말과 행동에 비춰서 확인해요.

아동기가 타인의 평가를 수용하는 때라면 청소년기는 타인의 평가를 자신이 재평가해서 받아들여요. 아무도 평가해 주지 않아도 타인과 비교해서 나를 평가하기도 해요. 이 과정에서 만들어지는 것이 바로 '자아 정체감'입니다. 정체감은 영어로 'identity', 한자로 '正體'죠. 뜻을 보면 개인의 바뀌지 않는 성질, 고유한 실체를 의미해요. 개인으로 존재하던 '나'가 청소년기를 지나면서 다른 사람들과 구분되는 '나'로 존재하게 되는 거예요. 여기서 '나'는 외모, 사고방식, 가치관, 취향 등 다방면을 포함하고 타인과 비교하여 정의된 고유성을 가져요.

정체감은 타인과 무리에서 형성되니 함께하는 친구와 또래 관계가 먼저 건강해야 해요. 친구가 나를 비추는 거울이니 왜곡이 없이 깨끗하고 맑아야죠.

심리적으로 보면 왜곡이 없는 관점으로 긍정적이고 발전적인 피드백을 주고받는 친구는 건강한 정체성 형성에 중요한 역할을 해요. 사춘기 아이들은 '시크'해서 매우 냉소적인 태도를 현실적이라 생각해요. 무조건적으로 좋은 면만 보는 것을 긍정성이라 오해하죠. 이 두 가지는 모두 부정과 긍정의 왜곡이 있을 수 있어요.

건강한 사고방식은 있는 그대로 나를 솔직하게 바라보고 현실을 수용하면서 대처하는 자신감을 갖게 해줘요.

교우 문제로 상담실을 찾은 한 여중생이 있었어요. 밖에선 얌전한 모범생이지만 집에선 좋아하는 연예인을 따라하고, 흥도 많은 친구였어요. 새 학년에 올라가면서 반에서 예쁘고, 멋을 잘 내고, 놀기 좋아하는 무리에 속하게 되었어요. 어릴 적부터 단짝이던 모범생 친구와 어울리지 않고 잘 노는 친구 무리와 친해졌어요.

화장하고 노는 데 시간을 쓰니 공부는 소홀해졌죠. 옷이며 화장이며 이성교제에 관심이 많은 친구들과 놀다 보니 외모에 만족하지 못했어요. 풍족하지 않은 가정환경에 불만도 많았고요. 서로 '뒷담화'하고 갈등이 생긴 무리에서 왕따를 경험한 후 관계가 회복되었지만 전처럼 어울리기엔 불편했어요. 어릴 적 단짝 친구와 다시 친해지고 싶은데 이미 다른 친구가 생겨서 다가가기 어려워 교우관계가 힘들어졌어요.

사춘기는 자신이 누구인지 혼란스러워 내가 속하는 친구 무리를 통해 나를 확인하려고 해요. 친구 무리의 이미지가 나와 동일시되어 나를 확인시켜 주고 안정감을 줘요.

속하고 싶은 친구 무리의 이미지는 내게 없는 성격을 반영하거나 인기 있거나 친구가 많은 외형에 집중돼요.

사례 아이처럼 선망하는 이미지의 친구들과 친해지고 싶고, 동질성을 갖기 위해 자신을 바꾸기도 해요. '내가 아닌 나'로 산다는 것은 많은 에너지가 소모되고, 허망하고 텅 빈 느낌을 줘요. 사례 아이는 현재 교우관계가 '자신에게 맞지 않는 옷 같다'는 것을 비교적 빨리 깨닫고, 본래 자신의 모습으로 돌아가 건강한 모습을 회복했지만, 너무 늦게 깨달아 되돌릴 수 없는 사례도 많아요. 주변에서 듣게 되는 성실했던 아이가 친구를 잘못 만나 반항과 비행을 하게 되었다는 이야기가 여기에 속하죠.

사춘기 때 친구는 누구와 어울리느냐가 매우 중요해요. 부모는 공부 잘하는 친구랑 어울리길 바라죠. 성적보다 중요한 것은 친구의 성격과 가치관, 사람을 대하는 태도예요. 공부는 잘하지만 이기적이고, 교만한 태도로 친구에게 부정적 말을 하는 친구와, 성적은 좋지 않아도 친구를 소중히 여기고 성실한 태도를 지닌 친구가 있다면 후자 친구가 정체성 형성에 도움을 주는 건강한 친구입니다.

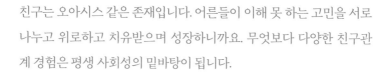

친구 멘탈 잡기

핵 심 포 인 트

친구는 오아시스 같은 존재입니다. 어른들이 이해 못 하는 고민을 서로 나누고 위로하고 치유받으며 성장하니까요. 무엇보다 다양한 친구관계 경험은 평생 사회성의 밑바탕이 됩니다.

1 공부 정서 관점에서 가장 중요한 것은 안정적인 교우관계입니다. 공부는 노력하면 언제든 만회할 수 있지만 사춘기에 형성하지 못한 사회성은 성인이 되어서 대인관계의 어려움으로 이어집니다.

2 교우관계에 문제가 생겼다면 학교생활에 대해 물었을 때 답을 피하고 짜증을 냅니다. 부모가 초기에 파악하는 게 중요합니다.

3 MBTI의 외향형과 내향형, 사고형과 감정형에 따라 친구 사이에 오해가 생기기도 하고 공부 스타일이 다르니 참고하면 좋습니다.

4 남사친 여사친은 사춘기 발달에 필요하고 학교 폭력의 피해자가 되지 않으려면 함께 어울리는 친구가 있어야 합니다.

5 사춘기 정체성은 친구가 만듭니다. 부모는 공부 잘하는 아이와 어울리기 원하지만 친구의 성격과 가치관, 사람을 대하는 태도가 중요합니다. 성적은 좋아도 이기적이고 교만한 태도로 부정적인 말을 하는 친구는 건강한 정체성 형성에 도움이 안 됩니다.

연애 편

득보다 실이 크다
그래도 한다면 똑똑하게

외모에 대한 관심과
연애 시작의 차이점

"공부는 안 하고 여자애도 아닌데 거울을 왜 그렇게 볼까요? 고가 브랜드 옷을 사달라고 하질 않나, 착하고 순해서 스케줄 따라 공부하고, 여자애들한테는 관심도 없는 아이였는데 이렇게 변했어요. 비싼 옷이라 학생한텐 맞지 않는다고 하니까 자기는 키가 작아서 옷이나 외모에 더 신경을 써야 한다고 하네요. 왜 이렇게 키를 작게 낳았냐고 화를 내면서 방문을 닫고 들어가 버려요. 좋아하는 여자애가 있다고 들었는데 연애 시작해서 예민해진 걸까요?"

부모는 자녀가 외모에 신경 쓰는 모습에 지레 겁을 먹고 걱정합니다. '공부에 집중도 못하는데 연애까지 하게 되면 어떻게 될까?' 하는 염려와 불안에 부모는 아이에게 화를 냅니다. 외모에 대한 관심을 연애의 시작이라고 여겨서 처음부터 막으려고 강하게 대응하는 부모도 많습니다. 외모에 관심이 높아졌다고 모두 연애와 연결되는 것은 아닙니다. 부모는 아이가 외모에 관심을 갖는 이유를 알고 적절하게 대응해 주는 것이 좋습니다.

먼저 외모에 신경을 쓰는 아이의 마음을 이해할 필요가 있습니다. 사춘기 즈음 외모에 관심이 커지는 것은 자연스러운 현상입니다. 사춘기에는 뇌의 후두엽이 발달합니다. 이 부분이 시각 중추 기능을 담당하기 때문에 사람의 얼굴을 구별하고, 표정을 살피는 일에 민감해집니다. 감정적이고 주기적으로 외모에 대한 불평과 짜증을 표현한다면 사춘기의 한 모습입니다. 자연스럽게 받아주고 공감해 주는 자세가 필요합니다.

어른도 기분이 안 좋을 땐 거울에 비친 자기 얼굴이 마음에 들지 않습니다. 감정적으로 민감한 아이들은 스트레스 강도가 몇 배 더 높다고 보면 됩니다. 이때 아이는 부모에게 짜증을 내는 것이 아니고 짜증난 상황에서 부모를 대했을 뿐입니다. 이때 부모님은 같이 짜증으로 맞대응하지 않으면 됩니다. 아이의 그 기분에 공감해 주세요.

사춘기라 외모에 대한 관심이 높아진 것과 연애가 원인인지는 어떻게 구분할 수 있을까요? 연애를 시작했다면 일단 아이들은 기분이 좋습니다. 시작은 외모 불만이지만 대체로 들뜨고 즐거운 모습을 보입니다. 사춘기 아이들은 짜증내고 불평하는 게 자연스러운 현상인데 이 점에서 큰 차이를 보여요. 연애 여부는 외모에 신경 쓰는 것보다 휴대폰 사용과 외출 시간으로 알아차릴 수 있습니다. 평소보다 휴대폰을 많이 쓰고 외출 빈도가 잦아지고 귀가 시간이 늦어진다면 아이의 변화를 관찰해 보아야 합니다.

사춘기 때 외모에 신경을 쓰는 모습은 남에게 내가 어떻게 보이는지 관심이 생겼다는 뜻입니다. 특히 이성을 의식합니다. 연애를 시작하지 않았더라도 중학생의 경우 이성이 많은 학교 동아리나 여러 학원 등의 환경에 노출되어서 스스로 이미지 관리를 합니다. 오히려 외모에 신경을 쓰지 않는 모습이 발달과 사회성 면에서 우려되는 현상일 수 있습니다.

외모 고민하는 아이의
자존감 높이기

사춘기 때 아이들은 누군가 멋져 보이면 자신에게 없는 것이
무엇인지 그 이유를 찾으려고 합니다. 앞에 이야기한 남학생처럼
키와 외모에 대해 불평하고 브랜드 옷 등에 집착하는 아이는 자
존감과 연결된 상태입니다. 자존감이 낮으니 자꾸 외모와 옷으로
자기를 더 낫게 보이려고 합니다. 키가 더 크고 비싼 브랜드의 옷
을 입었다고 해도 불만은 사그라들지 않습니다. 비교 대상이 우
리 집의 경제력이기에 금수저 흙수저로 나눠서 생각합니다. 경제
적 상황은 갑자기 바꿀 수 없으니 지속적으로 자신을 불만족스럽
게 바라보는 원인이 됩니다. 아이가 이런 모습을 보일 때 부모는
두 가지 반응을 보입니다.

첫 번째 반응은 경제적 사정이 안 좋거나 유전적으로 좋은 외모와 키를 물려주지 못한 것을 미안해하는 모습입니다. 이것은 미안해할 일이 아니라는 점을 기억해 주세요. 사람은 모든 것을 다 가질 수 없고, 다 가져야 하는 것도 아닙니다. 내가 갖고 있지 않은 부분을 수용하는 태도가 중요합니다. 바꿀 수 없는 것을 받아들이고 가지고 있는 장점을 찾아서 극대화하도록 격려해 주세요.

상대적 박탈감은 본질적으로 타인과 나를 비교하는 마음에서 시작됩니다. 어쩌면 이 뿌리는 아이와 다른 집 아이를 비교했던 부모의 이야기가 부메랑이 되어 돌아오는 것일 수도 있습니다. 가정에서 비교하는 말은 멈추어야 합니다.

답답한 마음에 부모는 공부 자극을 주려고 다른 아이 이야기를 꺼냈겠지만 아이는 자존감이 낮아진다는 사실을 잊지 마세요.

두 번째 반응은 "그래서 어쩌라고? 다시 태어나든가!" 비아냥거리면서 화를 내는 모습입니다. 부모는 자녀의 불평을 자신에 대한 원망과 공격으로 받아들입니다. 부모는 "내가 어떻게 키웠는데 공부나 잘하고 얘기하지" 등 온갖 분노에 찬 말을 쏟아 냅니다. 아이의 말을 듣고 화가 났다면 조용히 그 장소를 떠나서 대화를 중단하는 것이 좋습니다. 화가 나서 하는 말은 싸움의 불씨가 됩니다. 서로에게 큰 상처가 될 수 있습니다. 사람은 화가 크게 나면 이성적 판단과 대화가 불가능하니까요.

아이가 이런 모습을 보이면 단순 외모에 대한 고민이라고 소홀히 넘기지 마세요. 자존감을 높일 수 있게 가정에서 노력해 주세요. 자존감을 높이려면 성공 경험이 쌓여야 합니다. 작지만 눈에 보이는 동기들을 부여하고 아이가 직접 변화를 체감할 수 있게 해 주세요. 외모에 대한 고민도 현실적으로 접근할 필요가 있어요. 옷을 사서 자신감이 생겼다면 쇼핑을 같이 가거나 다이어트를 도와주는 방법도 있습니다.

모범생도 연애한다
부모의 편견 깨기

부모 세대는 소위 '노는 아이들'만 연애를 했는데 요즘은 모범생도 연애를 해요. 노는 아이들만 연애가 가능했던 건 과거 우리 사회가 권위적이고, 청소년의 연애를 부정적으로 여겼기 때문이에요. 학교와 부모가 금지하는 연애를 한다는 것은 그 권위에 맞설 용기가 있는 아이들만 할 수 있는 거였죠. 예전에는 디지털 기기가 발달되지 않아 연락이 어렵고, 공유하는 공간도 적으니 실제 만남이 쉽지 않아 연애로 이어지기 힘들었죠.

지금은 달라요. 아이들은 직접 만나지 않아도 SNS에서 서로를 볼 수 있고, 마음만 먹으면 언제든 수시로 연락할 수 있어요. 청소년이 연애하는 것을 색안경을 끼고 보는 시대가 아니니 아이들이 원한다면 얼마든지 연애를 할 수 있어요.

어려서부터 친구였던 남학생 A와 여학생 B는 특목고를 준비하면서 가까워졌고 사귀었어요. 힘든 공부를 같이 하면서 더 돈독해지고, 서로에게 많은 도움을 주었죠. 둘은 모두 특목고에 합격했어요. 다른 사례도 상황은 비슷해요. 남녀 친구 모두 특목고를 준비했는데 여학생만 원하던 고등학교에 입학했어요. 남학생 부모는 불합격의 원인을 연애로 생각해서 아들에게 불같이 화를 냈어요. 연애 금지령을 내렸고 그 후 부모와 자녀 사이가 급격하게 나빠져 상담실을 찾았어요.

자기 할 일만 잘한다면 연애를 해도 괜찮다는 부모들이 꽤 있어요. 솔직히 말하면 성적이 떨어지지 않는 조건으로 허용한다는 뜻이죠. 특목고에 모두 합격한 모범생의 연애가 여기에 해당해요. 부모의 연애 찬성은 학업에 악영향을 주면 연애를 허락할 수 없다는 이야기이니 전적인 허락은 아닌 셈이죠.

후자 사례의 경우 여학생은 연애를 하면서 원하는 학교에 입학했지만, 남학생은 그러지 못해 앞으로의 연애가 금지됐어요. 사춘기 연애는 학업 수행과 결과에 직결되기 때문에 후유증을 남길 수밖에 없어요.

이중 메시지는 위선이다
솔직하게 말하자

부모가 아이들의 연애에 대해 좀 더 솔직해질 것을 당부 드려요. 연애를 하고 싶으면 공부를 하라는 조건부 허락은 자녀와 관계에 부정적 영향을 미쳐요. 성적은 계속 떨어지고 오르는 것의 반복인데 그때마다 연애가 결과에 영향을 미쳤다 생각하고, 신경을 쓴다면 연애를 허락하지 않는 편이 낫습니다.

심리적으로 관계를 해치는 가장 큰 원인 중에 하나가 '이중 메시지'예요. 이중 메시지는 속마음은 숨기고, 행동은 쿨한 척, 좋은 척하는 거예요. 바꿔 말하면 겉과 속이 다른 것이죠. 상대는 이중 메시지를 쓰는 사람을 위선적이라 여겨서 신뢰관계가 깨어져요.

성적이 걱정된다면 연애에 대한 솔직한 마음을 전달하세요.

자녀는 위선적이고 쿨한 척하는 부모보다 보수적이지만 일관성 있는 부모를 신뢰합니다.

자녀가 연애를 시작했다면 이성 친구를 좋아하는 마음을 존중해 주는 태도가 좋습니다. 부모들은 이성 친구에 대해 이렇다 저렇다 평가하기 쉽고, '그런 아이를 왜 만나느냐'는 식으로 아이 안목을 폄하할 수 있어요. 결과적으로 아이의 마음이 상하고, 이성 친구와의 만남을 숨기거나 몰래 만나기 위해 스케줄을 속이게 돼요. 그러다가 들키면 부모는 아이를 믿지 못하게 되죠.

오히려 공개 연애가 부모와 자녀 사이의 신뢰를 지켜 주고 안전하고 건강한 상황을 만들어요.

노는 시간과 공부 시간을
정확히 지키자

부모 입장에서는 연애하는 자녀가 불안하고 걱정되는 게 당연합니다. 아이의 성향을 먼저 파악하면 도움이 될 수 있어요. 자녀가 외향적이고, 친구가 많은 '인싸' 스타일이라면 연애와 친구관계 모두 중요하죠. 관계가 우선순위가 되어 시간을 쏟아 붓고 공부는 뒷전으로 밀려요.

좋은 해결책은 노는 시간과 공부 시간을 정확히 구분하는 것입니다. 아이들은 연애와 친구관계를 분리해서 생각하는 경향이 있어요. 자연스럽게 이중으로 시간을 씁니다. 연애 중인 이성 친구도 자신이 놀 수 있는 자유 시간 한도에서 만나도록 자녀와 약속하면 됩니다. 약속을 지키지 않으면 패널티를 주어 스스로 책임을 지도록 하는 것이 중요합니다.

자녀가 내성적이고 감정적인 편이라면 속 깊은 관계를 추구해 연애에 깊이 빠져들 수 있습니다. 이런 성향의 아이들은 스트레스 해소 방법과 놀이 방법을 다양화해 주기 바랍니다. 스트레스 해소법이 이성 친구의 만남으로 공식화되면 관계에 중독될 수 있어요. 한 사람이 다른 사람을 감정적으로 착취하는 관계로 변질되어 서로 간 갈등이 생길 수밖에 없어요. 감정적인 성향의 아이는 관계 갈등에 취약해 공부와 생활에 큰 지장을 받을 수 있으니 미리 살피고 주의하면 좋습니다.

자녀의 평소 가치 판단 기준이 관계보다 일 즉, 공부를 우선시한다면 연애를 하지 않는 경우가 많습니다. 관계로 인한 방해 요소를 먼저 깨닫고 선택하기 때문입니다.

그럼에도 불구하고 연애를 한다면 상대 이성 친구가 감정형이고, 적극적일 가능성이 높아요. 이럴 때 자녀의 연애관계는 주로 친구와 약속 문제로 갈등이 생길 수 있어요. 먼저 자신의 스케줄을 친구에게 공유하고, 상대가 마음 상하지 않게 부드럽게 거절하는 지혜가 필요합니다. 아들은 엄마가, 딸은 아빠가 이성 친구의 상황과 입장에서 관계의 팁을 넌지시 알려 주는 것도 도움이 됩니다.

실속 있는
짝사랑 활용법

"원장님, 제가 중3 오빠를 좋아하는데 고백을 해야 하나 고민하고 있어요. 그 오빠도 저를 좋아한다는 얘기를 전해 들었거든요. 오빠가 워낙 인기가 많아서 좋아하는 애들이 많은데 제가 고백하면 사귈 것 같아요. 고백해도 될까요?"

평소 짝사랑 하던 오빠가 자신을 좋아한다는 것을 알게 된 여중생이 고민을 털어놨어요.

"최종 결정은 네가 하는 거야. 그럼 같이 생각해 보자. 한 가지 궁금한 건 그 오빠는 왜 너한테 고백하지 않았을까?" 질문에 아이가 갑자기 멈칫했어요.

고백을 할까 말까를 물었는데 제가 상대의 마음을 물었기 때문이죠. "네가 고백하면 어떻게 될까?" 실패했을 때와 성공했을 때로 나눠서 생각해 보자." 아이는 여러 가지 경우의 수를 생각해 보고 고백하지 않기로 결정했어요.

사춘기 아이들은 감정이 풍부하고 충동적이어서 마음이 이끄는 대로 성급하게 결정해요. 성격과 성향에 따라 신중하게 고백하고 사귀는 아이들도 있지만 감당하기 힘든 감정을 털어 버리려고 '고백'이라는 방법을 사용하기도 해요. 성인 연애와 다른 것이 바로 이 점이에요. 준비 없이 시작된 연애는 감당하기 어려운 고민을 동반해요. 연애는 머리, 마음, 몸, 여기에 무의식까지 동원되는 고차원적인 관계예요. 사춘기 감정과 정체감이 혼란스러운 시기에 연애는 공부와 생활을 온통 흔들어 놓아요.

사춘기 아이가 연애를 하면 현실적으로 득보다 실이 많습니다. 저도 반대하는 입장이에요. 긍정적인 면도 있지만 아직 어려서 감당하기 어려운 문제가 훨씬 더 많아요. 이 시기는 정체성, 문제 해결 능력, 학습 등 성취하고 발달시켜야 할 과제가 많은데 연애에 집중하면 발달이 되어야 할 부분에 적절한 에너지를 쓰지 못해요.

사춘기 멘탈 수업

저는 짝사랑 전도사입니다. 짝사랑은 얼마든지 원하는 대로 하라고 하죠. 학교나 학원에 좋아하는 친구가 있으면 그 친구 덕에 지루하고 가기 싫은 곳도 갈 마음이 생기니까요. 짝사랑하는 친구가 내게 관심을 갖도록 학교나 학원에서 잘 지내고 공부도 더 잘하자고 조언을 해요. 그럼 아이들은 마음을 지키고 주어진 생활을 성실히 해요.

"애 아빠랑 같이 연애하지 말라고 할 때는 꿈쩍도 안 하더니 원장님 만나고 마음을 정리하네요. 어떻게 하신 건가요?" 하고 물으세요. 비결은 제 의견을 먼저 말하지 않는 것입니다. 저도 연애에 반대 입장이에요. 사춘기 아이들은 반항심이 있어서 어른이 반대하면 화가 나서 더 하고 싶어 해요. 억지로 부모의 결정을 따르면 원망이 커지고 관계가 악화돼요. 연애 반대를 위한 이유를 나열하거나 설득하려고 하지 마세요. 아이의 마음에 궁금증을 갖고 아이의 생각을 들어 주세요.

아이가 연애를 원한다면 얻는 점과 잃는 점을 스스로 생각해서 이야기를 해 보라고 하세요. 마지막으로 공부와 교우관계에서 생기는 위험 요소를 책임질 수 있는지 아이에게 물어봐 주세요. 일부 아이는 책임질 수 있다며 연애를 결정하지만 대부분 아이들은 연애하지 않기로 선택해요.

사춘기는 이성적인 판단보다 감정이 앞서는 때입니다. 아이가 지금 느끼는 감정을 먼저 존중해 준 후에 이성적으로 판단하도록 시간을 주는 것이 중요하답니다.

사춘기 연애의 장점과 단점은 무엇일까요? 연애 장점은 좋아하는 친구가 있는 학교나 학원에 가는 게 좋아지고 설레는 감정 때문에 학교나 학원생활이 즐거워진다는 점이에요. 간혹 연애에 도움을 받는 아이들이 있지만 그 사례는 많지 않아요. 예를 들면, 가정에 문제가 생기거나 부모님과 극도의 갈등을 겪는데 이성 친구가 흔들리는 마음을 잡게 도와주고, 공부도 함께 하는 경우죠. 도움을 받는 친구 입장에서는 장점이지만 상대 친구는 시간과 에너지를 쏟아부으니 단점이 될 수 있어요. 윈-윈 게임은 아닌 셈이죠.

연애의 또 다른 단점은 동성 교우관계를 통해 배워야 하는 사회성 발달을 방해한다는 거예요. 학교나 학원의 바쁜 스케줄에 연애까지 하려면 친구와 노는 시간을 줄여야 해요. 자연히 이성 친구와 동성 친구는 경쟁 구도에 놓이게 되죠. 이성 친구를 우선시하면 동성 친구와 사이가 소원해지고 동성 친구와 시간을 보내면 이성 친구와 갈등이 생겨요. 이래저래 연애로 인한 관계 갈등은 생기게 마련이죠.

연애에 대한 아이들의 시각은 어떤지 궁금해서 중고생들이나 이제 막 대학에 입학한 새내기들이 운영하는 유튜브 채널과 책들을 찾아봤어요. 사춘기 아이들뿐 아니라 대학 신입생들 역시 연애는 거의 반대했어요. 연애하는 시간을 공부나 학교생활에 투자해 미래를 대비하라는 현실적인 조언이었죠. 부모를 포함한 모든 어른들의 조언에 반항적인 아이라면 또래의 경험담을 귀 담아 듣게 하는 것도 좋은 방법입니다.

이별 후유증을 막는
사춘기 쿨한 연애

"연애 소문으로 자퇴까지 할 수 있나요? 이성 친구와 어떻게 사귀어야 헤어졌을 때 많이 힘들지 않을까요? 건전한 사춘기 연애의 정석은 뭘까요?"

"연애하다가 헤어졌는데 전 남친이 저를 나쁘게 소문냈어요. 화가 나서 카톡으로 한 얘기를 자기가 한 말은 쏙 빼고 저만 나쁜X 만들었어요. 화가 나서 카톡방을 나와 버렸어요. 아니라고 증명하고 싶은데 증거가 없어요. 벌써 남자 애들 사이에 제가 이상한 애가 되어 버렸어요. 속상하고 억울해서 화가 나요. 눈물이 시도 때도 없이 나요. 학교도 가기 싫어요. 어떡하죠? (눈물)"

사춘기 멘탈 수업

사춘기 연애에서 어렵고 힘든 것이 소문이에요. 좋을 때는 좋지만, 헤어지는 과정에서 서로 상처주는 경우가 많아요. 요즘은 SNS로 연락도 하지만 싸우기도 하거든요. 저는 상담하는 사춘기 학생이 연애를 시작하면 당부의 의미로 몇 가지 약속을 꼭 받아요.

첫째, '이성 친구와 싸울 때 절대 문자 혹은 메신저를 사용하지 말기'예요. 문자나 메신저는 그 자체가 싸움의 원인이고, 온갖 소문의 원천이에요. '말'이라는 게 글로 쓰면 말하는 사람의 의도가 전해지지 않아요. 같은 '말'이라도 맥락과 상황, 뉘앙스가 있는데 글은 비언어적인 부분을 다 전달하지 못하거든요. 사람들은 소통할 때 표정, 억양, 느낌 같은 비언어적인 표현에서 80퍼센트 이상 메시지를 감지해요. '말'의 의미는 받아들이는 사람에 따라 해석이 달라서 글로 전달될 때 왜곡되기 쉬워요. 요즘은 상담 중에 아이나 어른이나 카톡을 자주 보여줘요.

"선생님 제가 정말 화날 만하죠? 상대가 정말 이상하게 얘기했죠?" 메시지를 보여 준 이유는 본인이 옳다는 주장에 동의해 달라는 것인데, 제3자가 보면 도무지 어느 포인트에서 화가 난다는 것인지 의아할 때가 많아요.

말이 글이 되면 읽는 순간 감정이 반영돼요. 읽는 사람의 가치관과 생각에 따라 해석이 달라지니 객관적인 해석이 어려울 수 있죠. 메신저에 쓴 글은 보낸 사람의 의도와 내용이 아닌 받는 사람의 감정과 생각으로 해석된다는 점을 잊지 마세요. 싸우는 중에 나누는 메신저의 글은 감정을 더 격화시켜요. 화난 상대는 글을 다시 읽으면서 감정의 골을 더 깊이 파는 셈이에요.

둘째, '연락에 집착하지 말기'입니다. 연애를 시작하면 '남자 아이들이 공부에 큰 지장을 받는다'고 예상하는데 실제는 여자 아이들이 더 집중을 못 해요. 여자들은 관계 지향적이라 평소 연락으로 관심과 사랑을 평가해요. 인기 많고, 활달한 남자 친구의 여자 친구는 다른 여사친과 친하게 지내는 것, 연락을 자주 하지 않는 것 등이 모두 고민거리예요. 연락을 기다리느라 휴대폰을 손에서 못 놓고 공부할 때 주의가 산만해져요. 저는 상대가 연락을 하지 못할 때는 그 사람의 사정이 있다고 말해줘요.

연락을 못 하는 이유를 내 입장에서는 이해할 수 없지만 상대는 그럴 상황일 수 있으니까요. 연락에 집착하게 되면 그 이유가 핑계 같거나 연애가 고통스러우니 다시 생각해 보자고 충고하죠.

셋째, '이별은 나 때문에 일어나는 것이 아니라는 점 명심하기'예요. 이별 통보 이유는 '내가 못난 사람이어서'가 아니에요. 이별은 누군가 원하고, 누군가 원치 않지만 받아들여야 하는 경우가

사춘기 멘탈 수업

많아요. 두 사람이 합의한 경우가 아니라면 통보받은 사람이 충격이 크죠. 이별의 이유가 무엇인지 알고 싶어 하고, 그 이유를 찾지 못하면 '내가 매력적이지 못해서', '내가 성격이 안 좋아서'로 자책하기 쉬워요. 자책은 스스로를 갉아 먹는 해충 같아서 나의 좋은 점도 빛을 바래게 하고, 자신감과 즐거움을 잃게 해요.

넷째, 가장 중요한 것은 '어떤 경우라도 소문내지 않기'입니다. 앞서 말한 것 같이 소문은 심리적으로 상대를 다치게 하는 폭력이에요. 연애관계는 1:1 관계니 끝도 시작도 1:1로 해야 하고, 헤어지는 이유도 싸움의 이유도 제 3자에게 이야기하지 않아야 해요. 연애관계는 둘만이 알고 있는 무엇인가로 인해 서로를 특별하게 느끼는 관계예요. 다른 사람에게 공유되면 굉장한 배신감을 느끼죠. 소문의 내용이 악의적인 것이면 상대에게 크나큰 상처를 줘요. 사람은 모두 소중해요. 세상 누구도 타인을 상처 입힐 권리는 없어요. 소문으로 상처를 주는 일은 명백한 폭력이고 가해예요.

지금 당장 억울해도 똑같이 갚아 주려 하지 말고 헤어진 친구에게 해야 할 말이 있다면 직접 용기내서 하도록 아이를 도와주세요. 연애하는 동안 있었던 일은 서로 소문 내지 않겠다고 약속하고 이미 소문이 났다면 소문을 낸 친구에게 사과를 받고 그 친구가 수습하도록 요청하세요.

아이돌 덕질은
유사 연애

사춘기가 되면 유독 좋아하는 연예인이 생기고 아이돌에 열광하는 모습을 봅니다. '덕질'이라고 하죠. 덕질은 사전적 의미로 어떤 분야를 열성적으로 좋아하여 그와 관련된 것들을 모으거나 파고드는 일입니다. 아이돌을 덕질하려면 시간과 돈이 들고 관심을 쏟으니 공부에 방해가 된다고 생각할 수 있습니다. 실제로 아이돌 덕질로 부모 자녀 관계에 갈등이 생기는 상황은 흔합니다.

부모 세대에는 여학생이 남자 연예인을 덕질하는 모습이 다반사였지만 요즘은 다릅니다. 여학생이 여자 아이돌을, 남학생이 남자 아이돌을 좋아하기도 합니다. 웹툰 캐릭터, 게임 캐릭터 등 그

사춘기 멘탈 수업

대상과 방법도 다양합니다.

덕질에 빠진 사춘기 아이들의 심리적 요인을 들여다보면 사랑에 대한 욕구와 에너지가 넘칩니다. 그 대상이 될 사람이 주변에 없거나 막상 연애를 하자니 무섭고 부담스러운 마음인 거죠. 어찌 보면 '유사 연애'라 할 수 있습니다.

요즘은 소속사나 아이돌 본인이 매일 SNS로 일거수일투족을 공개합니다. 아이들이 직접 댓글도 달 수 있으니 쌍방향 소통도 가능합니다. 실패하지 않는 사랑을 할 수 있죠. 짝사랑과 비슷해 보이지만 다른 점은 아이돌은 긍정적인 메시지를 끊임없이 보낸다는 사실입니다.

아이돌을 짝사랑하는 일이 창피하지 않습니다. 짝사랑을 같이 하는 친구들끼리 쉬는 시간에 모여서 이야기하면서 친해지고 그 안에서 소속감을 느낍니다. 적극적으로 좋아하는 아이돌을 위해 전광판 생일 광고를 해 줍니다. 아이돌이 모델로 나와서 광고하는 상품을 사 주면서 성취감을 느낍니다. 게임에서 캐릭터가 성장하는 것과 비슷합니다. 단순히 연예인에 빠진 마음이 아니라 심리적 만족이 큽니다. 덕질을 반대하고 폄하하면 아이는 마음에 상처를 받습니다. 어느 날 갑자기 덕질을 그만두는 일은 생각처럼 쉽지 않습니다.

부모는 덕질하는 자녀를 어떻게 대해야 할까요? 덕질이 건전한 취미가 될 수 있게 도와주면 됩니다. 유사 연애로 생활에 방해가 되지 않게 현실감을 유지해 주세요. 아이돌을 가상의 연애 상대로 여겨서 과몰입하면 많은 시간을 아이돌 스케줄과 활동을 확인하는 데 써요. 아이돌 소식에 감정이 휘둘립니다.

공부를 방해하는
덕질 유형

덕질하는 아이들이 하지 말아야 할 행동이 두 가지 있습니다. 첫째는 책상 앞에 아이돌 사진을 붙이거나 공부할 때 주로 쓰는 필통, 노트 등에 아이돌 사진 등을 붙이는 것입니다. 아이돌 사진은 공부하는 데 주의 집중을 방해하는 부정적인 자극원이 될 수 있습니다. 사진을 보는 일을 시작으로 유튜브를 찾아보고 아이돌 SNS를 시간 가는 줄 모르고 찾아봅니다.

아이가 동성 아이돌을 좋아하는 행동은 유사 연애는 아닌 것 같고 어떻게 바라봐야 할지 질문하는 분들이 있어요. 특히 여학생들이 여자 아이돌을 좋아합니다. 동성 아이돌을 좋아하는 마음은 유사 연애 감정과는 다릅니다.

청소년 시기는 정체성을 형성하는 때라 멋져 보이고, 좋아 보이는 사람을 선망의 대상으로 삼아서 따라하려고 해요. '보면 기분이 좋아지는 사람'으로 생각해 주세요. 현실감을 잃는 일은 거의 없고 덕질 정도도 심하지 않을 때가 많습니다. 팬심이니 존중하고 공감해 주세요. 함께 이야기할 수 있는 좋은 소재로 삼으면 됩니다.

공부에 방해되는 덕질 유형 두 번째는 아이돌의 공연이나 행사에 자주 따라다니는 것입니다. 아이돌을 좋아하는 이유가 공연에 가는 게 주된 목적인 아이가 있습니다. 공연 자체가 주는 자극을 선호하는 마음에서 비롯된 것입니다. 유사 연애와는 차이가 있어서 구분해야 합니다.

공연에 가면 심장을 뛰게 하는 바운스가 사람들을 흥분시켜요. 군중이 아이돌에게 열광하는 분위기 속에서 소속감과 즐거움은 최고조에 달해서 스트레스가 해소됩니다. 콘서트는 자극의 강도가 매우 큽니다. 돈과 시간이 있다면 매번 가고 싶은 마음이 듭니다. 공연의 강렬한 자극을 쫓다 보면 가요 순위 프로그램을 비롯한 각종 행사에 따라다니게 됩니다.

덕질에 팬클럽 활동까지 빠져서 공부에 큰 방해가 될 수 있습니다. 공연은 큰 자극원이기 때문에 자주 노출되면 부정적인 효과가 나타납니다. 자극은 점점 더 커져야 만족감을 주기 때문입니다. 공연에 갈 때마다 부모와 갈등을 빚는 일이 잦아질 수 있습니다. 처음부터 아이가 1년에 몇 번으로 가는 횟수를 정하고 약속을 지키게 해 주세요. 공연에 가는 것 외에 다른 덕질은 허용해 줘도 좋습니다.

연애 단계별
스마트한 부모 생활

사춘기에 접어들면 아이는 부모에 대한 사랑과 관심이 줄어듭니다. 그 자리는 친구와 이성 친구로 채워집니다. 연애는 당사자 아이들만의 문제가 아니라 온 가족이 함께 영향을 받습니다.

예전에는 고부 갈등을 설정한 드라마가 많았습니다. 젊은 남녀가 나오는 청춘 드라마는 꼭 결혼을 반대하는 부모가 등장합니다. 부모는 왜 자녀의 연애 감정에 출렁이고 영향력을 미치고 싶어 할까요? 하라는 공부는 안 하고 연애를 해서 한심해 보이고 걱정이 앞선 마음에 반대할 수 있지만 숨은 이유가 있습니다.

부모의 무의식에서 자녀의 연애를 질투한다는 사실을 아세요?

엄마 말 잘 듣고 자상한 모범생 아들이 연애를 한다고 가정해 봅시다. 아들이 연애를 하면 엄마에 대한 관심과 애정 표현이 이성 친구에게 옮겨 갑니다. 엄마는 그동안 주고받던 사랑이 줄어들면서 우울하고 짜증이 늡니다.

무심한 남편에 부부 사이마저 좋지 않다면 더욱 그렇습니다. 엄마는 자녀에게 연애의 단점을 어필하면서 헤어지는 쪽으로 유도합니다. 이 과정에서 아들은 엄마의 집착을 깨닫고 엄마와 멀어지려고 노력하면서 이성 친구와 더 가까워집니다.

나도 모르게 자녀의 사랑에 의존하고 있었다면 섭섭하지만 이제는 상황을 받아들여야 합니다. 자녀의 연애 유무를 떠나서 앞으로 자녀에게 감정적으로 공급받을 수 있는 사랑의 정도는 줄어들 수밖에 없습니다. 남편과 관계를 더 돈독히 할 필요가 있습니다. 남편과의 관계 개선이 힘든 상황이라면 일상에서 나를 만족시키는 다른 대상을 찾는 게 정답입니다. 건강한 취미를 가진 동호회 활동, 종교 모임, 봉사 등 타인이 주는 사랑과 인정의 에너지를 받으면 해결됩니다.

아이가 연애하다가 잘못될까봐 불안해서 도저히 눈을 뗄 수가 없는 부모도 있습니다. 부모로서 불안감은 당연한 감정이지만 불안은 집착으로 이어져 아이와 관계가 더 멀어집니다. 부모의 집착은 아이가 부모의 눈을 피해 연애에 더 빠져 집착하는 결과를 낳습니다. 학습과 생활 전반에 부정적인 영향을 미칩니다.

연애하는 사춘기 자녀를 어떻게 대해야 할까요? 자녀와 터놓고 편하게 이야기할 수 있어야 합니다. 연애의 단계마다 대처 방법은 달라야 합니다.

서로를 막 알아 가는 연애 초기라면 부모가 연애 자체를 심각하고 진지하게 받아들이는 모습은 보이지 마세요. 아이가 부담과 무거운 책임감을 갖고 부정적인 영향을 받을 수 있습니다. 말 그대로 시작이니 그 자체로 바라봐 주시면 됩니다. 객관적인 판단이 가능한 시작 단계니 자녀가 상대 친구를 잘 살펴보게 도와주세요. 연애가 학업에 미치는 결과에 대해 이야기를 나눠 보세요. 관계에 많은 시간을 쏟으면 공부에 해가 된다는 사실을 아이가 판단할 수 있습니다.

서로의 생활에 윈-윈이라면 관계를 유지해도 됩니다. 연애를 무작정 못하게 막으면 역효과가 커집니다. 성적이 최상위권인 여학생의 어머니를 만날 기회가 있어서 어떻게 대처하는지 물었습니다. 둘이 만나면 어디에 있는지 알리게 하고 귀가 시간을 지키게 한다고 했습니다. 기본적인 울타리 안에서 연애의 자유를 허용했습니다. 비밀 연애를 하면 부모에게 거짓말을 합니다. 만날 때 다른 일이 있다고 둘러대야 하니까요. 거짓말이 들통 나면 신뢰가 깨지고 관계가 나빠집니다. 자녀가 사춘기 연애를 시작하게 되었다면 부모의 지혜로 아이를 지켜야 합니다.

사춘기 연애에서 가장 중요한 것은 관계에 주체성을 갖는 것입니다. 어느 한쪽이 공부에 집중이 안 되고 할 일을 제대로 못한다면 시간을 갖고 관계를 보류하는 선택을 할 수 있습니다. 연애는 감정의 문제라 약속을 한다고 지켜진다는 보장은 없지만 시작부터 이런 부분을 고려해서 기준을 정하면 감정적 주체성을 갖는데 큰 도움이 됩니다.

한창 연애가 진행 중이라면 이성 친구에게 지나치게 몰입하지 않도록 도와주세요. 연애가 무르익으면 설레고 즐겁고 들뜬 감정에 빠져들기 쉽습니다. 이 감정과 기억이 좋기 때문에 연애를 하는 아이들은 계속 연애를 합니다. 연애에 몰입되어 있는 아이는 자신의 일정을 상대 이성 친구에게 모두 맞춥니다. 서로 약속 시간을 맞추고 상황이 어려울 땐 거절하거나 미룰 수도 있어야 관계의 주체성을 가질 수 있습니다.

성 문제도 자기 주체성이 없으면 이성 친구의 요구에 따르게 되어서 건강한 이성관계를 맺기 어렵습니다. 자녀가 커플이 되었다면 수동적으로 끌려 다니지 않고 독립적인 인격체로 지내야 한다고 알려 주세요. 스킨십 분위기에 빠져서 상대의 요구에 일방적으로 맞춰 주어서는 안 됩니다. 학생으로서 스킨십에는 분명한 기준이 있어야 합니다. 그 약속은 부모와 자녀, 자녀의 이성 친구와 꼭 지키는 것을 전제로 연애를 허용해 주어야 합니다.

아이가 가능한 스킨십의 기준을 가지고 거절할 수 있어야 이별 후에도 관계에 대한 수치심을 갖지 않습니다. 스스로 선택한 결정에 책임이 따른다는 점을 깨닫게 도와주세요. 설마 하는 마음에 쑥스러워서 성 문제를 이야기하지 않으실 수도 있습니다. 부모가 성 문제를 자녀와 이야기할 수 있을 때 자녀는 책임감 있는 행동을 할 수 있는 기초를 마련합니다.

연애 중에 일어날 수 있는 다양한 상황에 부모가 멘토가 되어 주세요. 연애 중에 다툼이 생길 때는 메신저를 쓰지 말고 직접 만나서 풀어야 합니다. 절대 기록을 남기지 말라고 조언해 주세요. 백 번 강조해도 지나치지 않는 중요한 행동 지침이라는 것을 상담 현장에서 느낍니다. 카톡방에서 감정이 격해져 쏟아 낸 말이 부메랑이 되어 돌아오는 상황을 많이 봅니다. 악마의 편집으로 상대 친구를 괴롭히고 힘들게 하니까요. SNS의 피해 사례를 부모가 객관적으로 말해 주세요. 아이가 마음의 상처를 받는 일을 막을 수 있습니다.

연애하다가 실연을 당했다면 슬프고 힘든 마음을 다독여 주세요. 중고등학교 때 실연은 어른의 실연보다 더 힘들 수 있습니다. 불안정한 감정에 압도당하기 때문입니다. 같은 학교 학생이라면 마주칠 기회가 많고 서로의 친구들로 관계가 연결되어 있어서 생각보다 문제가 복잡합니다.

부모는 "괜찮아, 공부에 집중하다 보면 다 잊게 돼"라고 공통적으로 말하지만 마음과 감정은 이성적으로 통제가 안 되니 아이들의 심적 갈등이 심해질 수 있습니다. 실연을 받아들이는 시간은 아이마다 다릅니다. 아이 성향과 관계의 깊이, 상대 친구에게 쏟았던 에너지에 비례합니다. 짧으면 3개월, 길면 1년 이상 걸리기도 합니다. 괴롭고 힘든 시간이지만 사람을 배워 가는 감정이니 넉넉한 마음으로 기다려 주세요.

나를 떠난 친구의 선택에 이유가 있겠지만 절대 내가 못났거나 부족해서가 아니라는 점을 깨닫게 도와주세요. 그렇지 않으면 어떤 아이들은 실연 이후 과도하게 멋을 냅니다. 평소 어울리지 않던 외부 친구들과 놀고 감정 기복이 심해져 우울한 모습으로 돌

변하는 아이도 있습니다. 연애할 때보다 부모의 주의와 관심이
필요하니 잘 돌봐 주세요.

연애 멘탈 잡기

핵 심 포 인 트

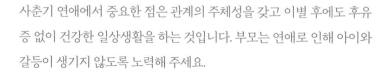

사춘기 연애에서 중요한 점은 관계의 주체성을 갖고 이별 후에도 후유 증 없이 건강한 일상생활을 하는 것입니다. 부모는 연애로 인해 아이와 갈등이 생기지 않도록 노력해 주세요.

1 연애를 하려면 성적을 올리라는 조건부 허락은 하지 마세요. 이중 메시지는 위선적인 모습입니다. 속마음은 숨기고 쿨한 척하는 부모보다 보수적이지만 일관성 있는 부모를 아이는 신뢰합니다.

2 서로를 알아 가는 연애 초기에 부모의 심각하고 진지한 태도는 아이에게 부정적인 영향을 줍니다. 객관적인 판단이 가능한 시기니 자녀가 상대 친구를 잘 살필 수 있게 도와주세요.

3 연애 중에 다툴 때는 직접 만나서 풀고 절대 기록을 남기지 말라고 조언해 주세요. SNS에 악마의 편집으로 퍼지면 소문을 걷잡을 수 없고 마음의 큰 상처를 받습니다.

4 실연을 당했다면 슬프고 힘든 마음을 다독여 주세요. '내가 못나서'라고 자책하지 않게 해 주세요. 연애할 때보다 부모의 세심한 관심이 필요한 때입니다.

5 아이돌 덕질은 유사 연애입니다. 공연이나 행사에 따라다니는 행동은 공부에 방해가 되니 삼가야 합니다.

공부 편

부모의 무관심은 답이 아니다
학습 가이드라인을 잡아 주자

공부를 쉬거나
멈추지 말자

사춘기는 학업을 멈추고 쉬는 때가 아닙니다. '기승전 사춘기'로 모든 걸 내려놓으면 학습 공백과 유실로 어려움을 겪습니다. 청소년기 자녀를 둔 부모들은 아이의 문제 원인을 모두 '사춘기' 때문이라고 받아들이기 쉽습니다.

사춘기는 발달의 한 과정이니 내 아이만 편안하게 넘어갈 수 없고, 언제 끝날지 모르니 답답하지만 공부를 놓지 않는 편을 선택해야 합니다.

아이는 사춘기라 잠도 늘고 공부에 대해 무슨 말이라도 하면 문을 꽝 닫고 들어가 화를 냅니다. 자연스럽게 공부보다 아이의 정서와 심리적인 부분을 중요하게 생각하는 부모는 갈등을 피하려고 학습관리를 하지 않습니다. 학습적인 측면은 아예 포기하고 내려놓는 것이 해답은 아닙니다.

사춘기가 지나면 아이들은 오히려 공부를 하고 싶어 합니다. 사춘기 때 공부를 놓아 버리면 다시 시작할 때 심리적인 고통을 겪는 안타까운 상황이 생깁니다.

사춘기 공부는 초등 공부와 고등 공부를 잇는 중간 단계입니다. 중간 다리가 튼튼하지 못하면 묵직한 고등 공부의 양과 깊이를 견디지 못하죠. 사춘기 아이들은 혼자 공부해 보고 싶다는 말을 자주 해요. 관계에 있어서 자기주장이 생기고 부모의 말을 순순히 따르지 않는 것처럼 공부 역시 스스로 하고 싶어 하죠. 자기주도 학습으로 잘 이어진다면 반가운 일이지만 대체로 이상과 현실은 달라요.

아이들 생각에 혼자 공부하면 많은 시간이 확보되어 더 효율적으로 공부할 수 있을 거라고 생각해요. 아이들마다 다르기는 하지만 이전에 자기 주도 학습 경험이 없는 아이라면 효율성이 떨어질 수 있습니다. 사춘기는 논리적 사고 기능을 담당하는 전전두엽이 발달 중이라 논리적인 이해 능력이 완전하지 않아서 스스

사춘기 멘탈 수업

로 학습하는 것이 힘들 수도 있어요.

앞에서 사춘기 '뇌는 리모델링 중'이라는 표현을 했는데 공사가 완료된 부분은 논리성과 이해 기능이 좋지만, 진행 중인 곳은 이해력이 온전치 않습니다. 한마디로 중등 이상 공부에서 중요한 논리와 이해의 불균형이 발생해요. 난이도에 따라서 혼자 공부가 가능한 부분이 있겠지만 상황에 맞춰 추가적인 도움을 받아서 공부하는 편이 효율적입니다.

공부 잔소리는 필요하다
존재를 비난하는 말은 하지 말자

아이의 이성적 판단이 완전하지 않다는 의미는 감정 조절 기능이 약하다는 뜻입니다. 공부에 대한 가치관과 진로의 방향성, 목표가 정해지면 하기 싫은 공부를 참고 할 수 있습니다. 아직 그렇지 않다면 동기 부여도 안 되고 인내하기 어렵습니다. 아이가 교우관계 문제로 감정이 흔들리고 있다면 이를 극복하면서 공부하기 힘듭니다.

사춘기 공부는 부모의 관심과 도움이 더 필요해요. 자녀들은 부모의 관심을 달가워하지 않지만요. 사춘기를 지나 다시 공부하려고 할 때 아이들은 뒤늦은 후회를 합니다. "왜 그때 나 선행 안 시켰어? 억지로라도 학원을 보냈어야지?" 하며 오히려 부모를 원망하는 안타까운 상황이 생겨요.

성적이나 공부를 남 탓, 부모 탓으로 돌리는 아이의 사고방식은 상담으로 다뤄야 할 부분이지만 '오죽 답답하면 그런 말을 할까' 싶어 안쓰러운 마음이 들기도 합니다. 부모가 사춘기 자녀에게 공부 스트레스를 주고 잔소리를 하면 갈등이 생길 수 있습니다. 서로 마음을 터놓고 대화하며 풀어 가는 노력이 필요합니다.

부모가 오해하지 말아야 할 중요한 점이 있습니다. 아이에게 스트레스를 주지 않고 잔소리를 하지 않는 게 바람직한 부모의 역할은 아닙니다. 공부는 힘들고 어렵기 때문에 혼자 알아서 하기 쉽지 않습니다. 공부 스케줄과 과제를 체크해 주는 관리는 건강한 긴장감을 갖고 페이스를 유지하며 인내하는 데 큰 도움이 됩니다.

주의해야 하는 점은 아이들이 잘하지 못했더라도 존재와 연결되는 비난은 하지 말아야 합니다. 부모들이 무심코 자주 사용하는 말 중에서 '게으르다', '의지가 없다' 같은 말이 대표적인 비난의 잔소리입니다. 상처를 주고 감정을 상하게 하는 말보다 왜 공부가 안 되는지, 어려운지 물어봐 주고, 같이 공부 방법을 고민해 주세요.

아무리 좋은 말이라도 반복하면 듣기 싫어집니다. 훈육이 되는 말 역시 '짧게, 단호하게, 비난하지 않는 말'로 해야 한다는 것을 기억하고 지켜 주세요.

앞에서 끌지 말고
옆에서 돕고 격려하기

사춘기 자녀의 공부 관리 방법은 유아기·아동기와 달라야 합니다. 이 점을 잊지 말고 명심해야 합니다.

청소년기에 접어들면 자기 정체감과 주장이 생기기 때문에 부모가 일방적으로 결정하고 스케줄을 강요하면 자녀의 반감을 삽니다. 좋은 학원, 유능한 과외 선생님을 어렵게 연결시켰는데 아이가 따라오지 않는다는 이유로 아이와 부모 사이에 갈등이 생깁니다. 아이는 학원이나 선생님을 싫다고 하는데 알고 보면 결정 과정에서 자녀와 상의하지 않은 부모의 일방적 태도가 원인인 경우가 많습니다.

부모 눈에는 아무 이유도 없이 좋다는 학원과 효율적인 공부 방법을 마다하는 자녀가 못마땅합니다. 부모는 속을 끓이지만, 아이는 '이만큼 너한테 투자했으니 빨리 성과를 내야 해'라는 암묵적 부담으로 느껴 거부감을 표현하는 것일 수 있어요. 아이들이 동의하지 않는다면 그 어떤 학원과 선생님도 아무 소용이 없는 때가 사춘기입니다. 아이와 함께 상의하고 결정해야 시행착오와 기회비용을 줄일 수 있습니다.

학습에 대해 아이와 상의해서 공식적인 코치와 같은 역할을 부여 받으세요. 아이가 도움을 받기 원하는 부분과 세부 역할을 조정하기 바랍니다. 부모는 잔소리를 할 수 밖에 없는 상황과 아이를 돕고 싶은 부분을 정리해서 원칙을 정하세요. 아이가 지키지 않으면 훈육할 수 있지만 그 외의 경우엔 부모가 잔소리를 줄이는 노력이 필요해요. 아이가 받아들이도록 서로 약속하세요. 부모가 공부 잔소리와 훈육을 구분해서 한다면 아이와 많은 다툼을 줄일 수 있습니다.

사춘기 공부는 '이인삼각 경기'입니다. 아이가 먼저 가려고 마음대로 몸을 움직이면 부모가 중심을 잃고 넘어지죠. 반대로 부모가 앞서 끌면 뒤따라가려던 아이가 넘어집니다. 사춘기 공부도 똑같아요. 아이가 하자고 하는 대로 끌려 다니면 부모가 방향을 못 잡고 방임하는 결과를 낳습니다. 반대로 부모가 일방적으로 강요하면 아이는 거부하거나 주저앉아 버립니다. 결과가 좋은 이기는 게임이 되려면 부모는 아이 옆에서 격려하고 넘어지면 함께 일으켜 주며 도와야 합니다.

사춘기 자녀에게 공부 면에서 최상의 부모 역할은 무엇일까요? 중요한 점은 부모가 주도하거나 자녀에게 맡겨 두는 공부가 아니라 '함께 하는 공부'를 만드는 것입니다. 실천 가능한 행동 지침입니다.

첫째, 자녀의 공부에 대한 마음을 잘 이해해 주시고 응원해 주세요. 공부 양은 점점 많아지고 학습 난이도는 높습니다. 힘들고 어려운 공부를 하는 아이를 칭찬하고 격려해 주세요.

둘째, 옆집 혹은 친한 친구 모범생 아이와 절대 비교하지 마세요. 무심코 던진 비교의 말이 아이의 공부 효능감을 떨어뜨립니다.

셋째, 학습 정보와 좋은 학원 등 공부에 도움이 되는 지원을 하되 결정은 아이의 몫으로 남겨 주세요.

넷째, 기상과 스케줄 관리가 되지 않는 날은 서로 지킬 수 있는 시간 계획을 세워서 약속하고 기록해 두세요. 기록 사실을 바탕으로 못 지킨 날은 이유를 함께 찾고 나아지도록 도와주세요.

다섯째, 학습 습관이 무너지지 않게 적당한 긴장감을 유지해 주세요. 아이가 지쳤을 때 위로해 주고, 게을러진 것 같으면 따끔하게 훈육해 주세요. 어느 한쪽으로 치우치는 것보다 지혜로운 조력자 역할이 필요합니다.

무기력에 빠지면
공부에 집중이 안 된다

"조금만 참아 봐. 딱 그때만 지나면 알아서 공부하더라."

사춘기 때문에 고민하는 부모라면 한 번쯤 들어봤을 이야기일 겁니다. 아이의 사춘기 고민이 시작되면 주변의 선배 엄마들에게 조언을 구하죠. 아이가 둘째, 셋째라면 큰 아이의 사춘기를 기준으로 해요. 다른 사람들의 경험으로 자녀의 무기력을 보면 심리적 증상이 원인인 무기력을 방치할 수 있어요. 부모의 섣부른 판단과 초기 대응의 실수를 줄이는 것이 아이를 위해 좋습니다.

우울, 번아웃 같은 심리적인 증상을 보이는 무기력은 사춘기 무기력과 유사해서 구별하기 힘든데 처음에 제대로 적절한 대처

사춘기 멘탈 수업

를 하지 않으면 만성화됩니다. 이후 학습과 생활을 힘들게 할 수 있어 각별한 주의가 필요합니다.

사춘기 무기력 증상은 잠이 많아지고, 만사가 귀찮아지는 모습을 보입니다. '귀찮이즘'에 빠져서 그동안 잘 해왔던 공부며 생활이 무너지기 쉬워요. 사춘기 무기력은 기운이 없고, 평소에 축 처져 있으며 공부에 집중하지 못하는 모습을 보여요. 본인이 좋아하는 일이나 노는 데에는 아무 이상이 없고, 몰입하는 모습을 보여요. 성장에 사용하는 에너지가 많으니 신체적으로 기운이 없고, 뇌가 발달 중이니 집중력을 발휘하는 것이 어려워져요.

마음은 실제 성장과 직결되어 있지 않기 때문에 원하는 일을 할 때는 그 힘을 발휘하는 거죠. 인간은 주어진 일을 수행할 때 신체의 힘, 정신의 힘, 마음의 힘 세 가지를 모두 사용해요. 사춘기 무기력은 성장 때문에 정신 에너지, 신체적 에너지가 떨어져 있지만, 마음 에너지를 이용해 수행할 수 있어요.

공부는 다릅니다. 신체적, 인지적 에너지의 소모가 커요. 피하고 싶으니 마음의 에너지를 쓰기 힘들어요. 마음에 힘을 쓰지 않으니 시작이 어렵고, 인지 에너지가 부족해 집중력이 떨어져요. 신체에 기운이 없으니 엉덩이 힘으로 견디는 공부가 어려워져요.

아이가 사춘기 무기력을 겪고 있다면 몸과 마음, 정신은 이어져 있으니 먼저 몸을 챙겨 주세요. 몸에 맞는 영양제를 복용하게 하거나 마음 편히 쉴 수 있는 환경을 만들어 주세요. 에너지 충전이 우선입니다. 그 다음에 마음이 힘든 이유를 함께 찾아 주세요. 아이의 기질과 성향이 민감하지 않으면 자신의 감정을 잘 느끼지 못해요. 자연스럽게 요즘 지내는 생활과 기분을 물어봐 주세요. "괜찮아" 하는 아이의 대답이 회피인지 혹은 무관심하게 넘기는 태도인지 부모가 세심하게 살펴야 합니다. 괜찮은 이유에 대해서 한 번 더 물으세요. 그때의 반응이 아이의 진짜 감정에 가까우니 여기에 부모가 민감하게 반응하는 것이 좋습니다.

공부에 집중하기 위해서는 먼저 신체적 에너지를 채워야 합니다. 부모는 아이의 피곤 여부를 확인하고 짜증이 많아진 이유를 찾습니다. 짜증은 신체적 에너지가 떨어지면 보이는 흔한 증상입니다.

공부 모드로 다시 몰입하려면 긍정적인 긴장감이 필요합니다. 우리의 뇌는 목표가 있으면 에너지를 얻기 때문에 아이가 계획을 성취하면 보상을 주는 것이 좋습니다. 원칙적으로 아이가 스스로 하는 게 더 좋지만, 무기력할 때는 모든 걸 하기 싫어합니다. 부모는 자녀와 상의해서 부담을 주지 않는 선에서 공부 계획과 휴식 시간 등 생활 전반을 적극적으로 돕습니다.

번아웃으로 무기력이 왔다면 성과가 나오지 않아서 실망하여 마음이 상처를 입은 경우입니다. 이때는 매번 결과를 일회성으로 정하면 됩니다. "예전에는 잘 했잖아. 이번에는 꼭 만회해야 해!" 와 같은 말은 피하세요. 부모 입장에서는 동기 부여를 하려는 말이지만 아이는 부담과 불안으로 받아들인다는 사실을 잊지 마세요.

사춘기 멘탈 수업

우울은 좌절과 실패감이 원인
2주 이상 되면 상담 받기

우울의 특징은 마음 에너지가 바닥나 동기 자체가 사라지는 거예요. 예전에 좋아했던 것에 흥미가 사라지고, 모든 일에 심드렁해요. 마음이 즐겁지 않으니 생각은 온통 비관적으로 물들죠. 자신과 삶 전체에 미치는 부정적인 영향이 매우 커요. 공부가 안 되면 자신의 상황과 연결시켜요. 자신감이 떨어지고 세상을 냉소적으로 바라보고 미래의 희망을 잃어요. 사람을 컴퓨터에 비유한다면 메인 시스템에 바이러스가 침투했으니 모든 성능이 떨어지고 마지막엔 멈춰 버리는 것과 같죠.

사춘기 전후에 우울증이 시작되는 이유는 아이들이 처음으로 큰 좌절을 경험하기 때문입니다. 사춘기라 혼란스러운데 처음 보는 시험에 좌절하고, 감정이 널뛰는 시기에 교우관계 역시 힘이 들어요. 부모와의 관계도 잦은 갈등으로 정서적 지지를 받지 못하면 그야말로 위기를 맞을 수밖에 없어요.

사춘기 우울증과 무기력은 어떻게 구별할 수 있을까요? 먼저 사춘기 자녀를 잘 관찰해 보고, 평소에 사용하는 말들을 주의 깊게 살펴야 해요. 우울증의 주요한 특징은 생활 전반에 흥미를 잃는 거예요. 다음은 우울한 기분이 2주 이상 지속되는 거예요.

사춘기 무기력은 자신이 좋아하는 것에 흥미가 유지되고 기분도 '좋았다 나빴다'를 반복하지만 우울증은 그렇지 않다는 점이 차이예요. 식욕과 수면생활에도 변화가 생길 수 있어요. 이전과 달리 너무 많이 먹거나 적게 먹는 경우, 너무 많이 자거나 불면증을 호소하는 경우 모두 여기에 속해요. '죽고 싶다'는 말을 자주 한다면 우울증을 의심해 봐야 합니다.

가능한 빨리 심리검사를 받아서 심각성을 파악하는 게 좋아요. 결과에 따라 약물 치료와 심리 상담을 병행해야 합니다. 심리 상담을 받을 수 있는 곳은 각 학교의 we 클래스, 지역 we 센터가 있고, 24시간 오픈되어 있는 상담 전화로는 청소년 응급 상담 전화 1388, 마음건강 상담 전화 1577-0199, 보건 복지상담센터 희망

전화 129 등이 있습니다.

우울증은 초기에 개입하지 않으면 정상적인 학교생활과 학업을 수행할 수 없습니다. 삶의 전반에 무기력이 개선되지 않고 생활 습관과 교우관계에 악영향을 미칩니다.

사춘기 우울증을 예방하고 부모로서 도와줄 수 있는 방법은 무엇일까요? 우울의 원인이 되는 '실패'를 잘 관리해 주는 거예요. 실패를 관리한다는 것이 낯설게 들릴 수도 있어요. 쉽게 이야기하면 아이들 관점에서 실패를 이해하고, 극복할 수 있게 도와주는 거예요. 사춘기 자녀 입장에서 실패는 부모들이 생각하는 것과 달라요. 성인은 실패를 객관적으로 판단하지만 아이들은 실패를 굉장히 주관적이고 다양하게 받아들여요.

말이 없어지고, 무기력해져 부모의 권유로 상담실을 찾은 중2 여학생이 있었어요. 착실한 모범생에 성적도 상위권이고, 교우관계에도 특별한 큰 문제가 없었는데 아이는 점점 자신감이 없어지고 만사가 귀찮고 싫다는 거예요. 심리검사 결과 우울증을 진단할 수 있을 정도로 심각했어요. 대체로 우울의 원인이 될 만한 심리적 충격이나 사건이 있기 마련인데 이 학생은 학교나 가정, 친구관계에서 특별한 사건이 없었어요.

상담을 해보니 학생의 우울 원인은 **반복**되는 '실패감'이었어요. 최근 성적이 떨어진 적이 없는데 '**실패감**'이라니 부모는 이해하지 못했죠. 아이는 성적이 떨어지지는 않았지만 공부한 것에 비해 항상 원하는 만큼 성적을 받지 못했어요. 자기가 원하는 만큼 이루지 못하니 실패였던 거죠. 심리적으로 이런 작은 실망도 반복되면 '나는 해도 안 되나봐' 하는 부정적 생각이 머리에 자리 잡아요. 무엇이든 원하는 대로 되지 않으면 '그래, 나는 되는 게 하나도 없어'라는 절망적인 생각에 빠져 들어요. 서서히 우울증으로 발전하죠. 아이들 성향에 따라 마음에 들지 않는 외모, 친구와 원하는 만큼 친해지지 못하는 것이 우울의 원인이 되기도 해요.

무기력과 우울한 생각은 지극히 주관적이지만 생각의 뿌리에 공통점이 있어요. 나와 타인을 비교하는 마음이에요. 부모가 무심코 던진 다른 집 아이의 이야기, 자녀가 의식하고 부러워하는 어떤 친구는 처음엔 자기 발전을 위한 자극이 될 수 있지만 장기적으로는 독이 된다는 점을 기억해 주세요.

번아웃은 열심히 해서
에너지가 떨어진 상태다

'번아웃'은 사춘기 무기력, 우울과 달라요. 번아웃 burn out 이라는 말은 과로에 시달리는 직장인들이 자주 쓰지만 아이들에게도 해당합니다. 요즘엔 빠르면 초등학생들도 번아웃을 경험하니까요.

"영재원 합격까지 했던 ○○이가 갑자기 공부를 안 한대."
"엄마 속 한 번도 썩인 적 없는 ○○이가 학원을 다 끊고 공부에 손을 놨대."

엄마들 사이에 부러움을 샀던 공부 잘하던 아이, 모범생으로 성실했던 아이들이 어느 날 갑자기 공부를 그만두었다는 경우가 바로 '번아웃'에 해당돼요. 번아웃은 신체 증상으로 사춘기 무기력과 유사하고, 심리 상태는 우울증과 유사하지만, 실제로 자신은 우울감을 느끼지 못하는 것이 특징이에요. 본인은 물론 부모들도 이런 상태를 심각하게 생각하지 않죠. 주로 열심히 했던 친구들이 호소하는 증상이라 사춘기로 오인되어 방치하기 쉬운데 적절한 대처를 하지 않으면 회복이 어려워요.

전 세계인의 병을 진단하고 정의하는 기구인 WHO 국제질병본부는 번아웃을 우울과 같은 질병 명으로 부르지 않아요. 만성 스트레스 증후군syndrome으로 구분하고 있어요. 일부 유럽 국가에서는 번아웃을 질병으로 인정해서 국가 차원의 치료와 예방에 힘쓰고 있죠. 우리나라는 번아웃이라는 말이 유행처럼 쓰이고 있지만, 정작 그 증상이나 치료에 대한 지식이 많이 부족해요.

번아웃은 영어 표현 그대로 '모두 다 타버렸다' 는 의미로 어떤 일을 열심히 하거나 장기간 힘을 다해 에너지가 떨어져 버린 상태를 말해요. 우울은 심리적 충격이나 실패와 같은 정서적 상처나 해결하기 힘든 상황 지속이 원인이지만, 번아웃은 장기간 혹은 단기간 최선을 다해 에너지가 소진된 것이 원인이에요. 처음에는 스스로 우울한 감정을 느끼지 못해 피로감 정도로 여길 수 있어요.

'번아웃' 증상의 특징은 나갈 힘이 없어 '멈춰 서는 것'입니다. 번아웃을 의심해 볼 수 있는 것은 학업에 있어 특히 무기력과 짜증이 심해지고 만성 피로에 시달리며, 두통, 소화 불량과 같은 신체 증상이 생기고, 학업과 관련된 학원에 가기 싫어지는 거예요.

번아웃을 경험하는 아이들과 부모들은 조금만 에너지가 충전되면 다시 열심히 공부하거나 활동을 무리해서 하는 경향이 있습니다. 그 노력이 예전처럼 성과로 이어지지 못하고 이내 피곤해져 다시 멈추게 되죠. 이때 아이는 자신을 보살피기보다 '내 멘탈이 약해서 그래'라며 심리적으로도 스스로를 몰아붙이게 되는 경우가 많아요.

잘 달리던 자동차가 갑자기 멈춰 섰다고 합시다. 살펴보니 기름이 한 칸밖에 없고, 엔진 오일 경고등도 떠 있어요.
갈 길은 먼데 고작 기름 한 칸을 채우고 다시 속도를 내서 달리려고 하면 어떻게 될까요? 얼마 가지 않아 멈춰 설 수밖에 없죠. 번아웃도 에너지를 충분히 채워 주지 않으면 계속 '멈춰 서는 상태'를 반복할 수밖에 없어요.

번아웃이 오면
공부 양을 줄이자

번아웃이 오면 가장 먼저 할 일은 공부 양을 평소보다 조금 줄이는 겁니다. 열심히 하던 아이들이라 공부 양을 줄이는 것 자체가 힘들 수 있어요. 꼭 필요한 공부를 우선순위로 챙기고 나머지는 줄이기 바랍니다. 에너지가 충전될 때까지 참고 기다리면서 기운을 회복해야 합니다.

부모는 자녀의 상태를 관찰하고, 자녀도 스스로 자신의 몸과 마음을 살피는 시간이 필요합니다. 번아웃에 빠진 아이들은 힘들고 지쳐도 스스로 모르고 지나가는 경우가 많아요. 신체적으로 피곤하면 휴식을 취하고 심리적으로 힘들면 기분을 전환해야 합니다. 스스로 긍정적인 생각을 불러일으키는 '셀프 휴식 관리'가 필요해요. 다니던 학원의 수를 줄인다든지, 휴강 제도를 활용하는 것도 방법입니다.

그동안 쉬지 않고 열심히 공부했던 아이는 휴식을 취하면서 불안해하고 죄책감을 느낄 수 있어요. 쉬는 시간만큼 뒤처질지 모른다는 부정적 생각은 버려야 해요. 휴식은 최상의 컨디션을 위해 집중력을 높이는 투자 시간이에요. 충분히 쉬는 게 좋아요. 휴식 시간을 긍정적이고 합리적인 방향으로 생각할 수 있게 부모님이 도와주세요. 휴식의 유익함을 경험해야 합니다. 온전한 쉼을 즐기는 것도 훈련이 필요한 일이니까요.

휴식은 공부에 대한 아이의 생각을 점검할 수 있는 좋은 기회입니다. 열심히 하는 친구들이나 학부모들 중에 학습 동기를 높이기 위해 스스로 끊임없이 채찍질하는 경우가 있어요. 성적이 떨어지면 자책하거나 불안해하기보다 결과가 왜 안 좋았는지 객관적으로 살펴야 합니다. 자기 점검은 다음번에 더 좋은 성과로 이어질 것이라는 판단 근거와 자신에 대한 믿음과 확신을 줍니다. 지금 한 공부가 이번 점수로는 나타나지 않았지만 내 안에 쌓여 다음 공부를 위한 충분한 바탕과 실력이 되었다는 사실을 잊지 마세요.

부모의 인정과 지지, 기다림은 자녀가 불안에서 벗어나 충분한 에너지를 충전할 수 있는 환경을 마련해 줍니다. 아이가 소진된 것처럼 보인다면 부모가 실망한 기색을 보여서는 안 돼요. 반대로 과장하여 '괜찮아, 다음에 다 잘될 거야'처럼 무조건적인 기대를 보여도 아이에게 부담을 줄 수 있습니다.

부모는 그동안 열심히 해 온 과정을 인정해 주고 성적이 곧바로 오르지 않고 컨디션이 회복되지 않더라도 조금씩 나아지면서 제자리로 돌아올 수 있다는 마음의 여유를 보여줘야 합니다. 시간을 두고 기다려 주는 부모의 모습을 보면서 자녀도 함께 스스로 조급해하지 않고, 휴식을 통해 빠르게 번아웃에서 벗어나게 될 것입니다. 힘들 때 부모의 위로와 격려가 아이에게 큰 힘이 됩니다.

대입을 결정하는
공부 유실 막기

"사춘기가 지나면서 정신 차리고 잘하니 지금은 신경을 쓰지 않습니다. 제가 꼭 저랬는데 대학을 잘 갔거든요. 저를 닮았나 봐요. 제 자식을 믿어요. 어차피 공부는 스스로 해야 하는 거니까요."

사춘기 자녀를 믿고 기다려 주는 부모의 생각은 모두 맞습니다. 부모로서 아이를 지지하고, 인내해 주는 것은 최고점을 드리고 싶은데 아이가 다시 공부를 했을 때 좋은 성과를 낼 수 있을지는 장담하기 어려워요. 부모 세대의 '라떼 공부'와 현재 공부는 스타일이 완전히 다릅니다.

부모 세대의 대학수학능력시험은 문과, 이과, 예체능계가 분명하게 나뉘어 있었어요. 수학이 좀 자신 없으면 문과에 가서 국어, 영어, 사탐 등을 우선으로 최고점을 내는 전략이 통했어요. 각 과목 할당 점수의 차이는 있었지만 총점 기준으로 대학 입시 평가를 했으니까요.

최근 대학 입시는 문과, 이과 구분이 없는 공통 교과로 수학 시험을 보니, 대학 입시 당락을 결정하는 변별 과목으로 수학의 중요성은 이전과 비교할 수 없을 정도로 중요해요.

각 대학과 학과별 신입생을 뽑는 기준인 입시 요강은 학교 자율이라 다양해요. 학교와 학과마다 국·영·수 핵심 과목의 점수를 반영하는 비중도 달라요. 부모들 때 대입 제도는 단기간에 열심히 공부해서 총점을 높여 더 좋은 대학을 갈 수 있었지만, 지금은 반드시 주요 과목 성적이 잘 나와야 좋은 대학에 진학할 수 있어요.

성적이 오르지 않아 고민인 고2 남학생이 상담실을 찾았어요. 영재원 출신이었고 수학을 잘해서 학원에서 또래보다 높은 학년으로 월반까지 했던 친구였어요. 중학교 2~3학년 때 사춘기에 들어서면서 친구들과 노는 데 시간을 쏟다 보니 공부를 등한시했죠. 고등학교에 입학하면서 정신을 차리고 열심히 공부했는데 믿

사춘기 멘탈 수업

었던 수학 성적이 상위권을 회복하지 못하는 거예요. 학습 관련 검사와 지능 검사 등을 함께 했는데 수학적 지능이 매우 우수한 편이었어요.

문제는 사춘기 학습 유실이 원인이었어요. 사춘기에 접어드는 초5~중등까지는 학습에 있어 초등 기본학습과 고등학습을 연결하는 다리 역할을 한다고 앞에서 언급했죠. 특히 이때 배우는 수학 개념 중 방정식, 미적분의 기초가 되는 개념과 도형 개념은 매우 중요해요. 개념이 잡혀 있지 않으면 고등 수학 난이도를 따라잡는 것이 어려워요. 수학적 지능이 아무리 높더라도 수학을 잘하기 힘들 수 있어요. 수학은 능력도 필요하기만 기초 연계가 그만큼 중요하다는 뜻이죠. 아무리 공부 양을 줄여야 할 만큼 심한 사춘기가 왔다고 해도 수학 공부만큼은 멈추면 안 돼요.

수학은 정확한 개념학습
국어는 비문학 어휘공부

"사춘기 때 수학 공부를 게을리했는데 지금부터 해도 될까요?"

"지금부터라도 열심히 하는 게 안 하는 것보다 훨씬 낫지요. 지금 여기서부터 출발해서 최선을 다해 봐요."

사춘기 방황으로 공부에 손을 놓아서 걱정이 많은 학부모들이 있습니다. 학습 공백이 있는 아이의 공부 방법은 학습 유실이 없는 학생들과 달라야 합니다. 선행을 위주로 공부한 친구들의 진도를 따라잡는 것이 아니라 부족한 부분이 어딘지 신속 정확하게 파악해야 합니다. 후행을 하더라도 개념을 이해하고 현행을 해야 심화 문제를 풀어 내요. 친구들만큼 선행을 하지 못해서 창피하

사춘기 멘탈 수업

고 불안한 마음이 들 수 있어요. 대입 혹은 내신을 위한다면 선행보다 내 실력에 따른 맞춤형 학습이 필요해요.

수학 고득점의 비결은 어려운 문제를 한 문제라도 풀어 내는 능력에 달려 있어요. 대충 많이 아는 것은 도움이 되지 않아요. 정확하게 이해하고 응용하는 실력이 중요해요.

중학교 때 갑자기 성적이 떨어져 지금 '수포자'인데 이럴 때 방법은 없는지 묻는 부모님이 계세요. 이 경우도 방법은 있어요. 중등 수학 구조를 알면, '수포자'에서 벗어날 수 있는 길이 보입니다. 중학 수학은 1학기 대수학, 2학기 전체는 도형을 다루는 기하학으로 구성되어 있어요. 2학기는 고등 수학 기하학으로 연결돼요. 다행히 기하학은 공통 수학에서 비중이 크지 않고 선택 과목으로 다시 만나요.

반면 대수학은 고등 수학에서 비중이 크죠. 우선 중학교 1~3학년까지 1학기를 묶어서 기초 개념을 잡으면서 고등 수학을 공부해 간다면 수학을 포기하지 않을 수 있어요. 완벽한 수학 고득점은 불가능하지만, 수학 전체를 포기해서 대입에 큰 낭패를 당하는 일은 막을 수 있어요.

수학 다음으로 놓지 말아야 하는 공부는 국어와 비문학 어휘 공부입니다. 모든 공부의 종착점은 대입 수능입니다. 수능 과목 소위 '킬러 문제'는 지문이 길고 처음 보는 내용이 많아요. 사고력이 필요해요. 어휘력이 좋으면 빠르게 지문을 읽고 해석할 수 있어요. 어휘는 순우리말도 있지만 어려운 지문일수록 짧은 표현에 많은 내용을 담고 있어요. 한자 확장 어휘가 주로 사용돼요. 어디서 많이 들어 봤는데 정확한 뜻을 몰라서 한글 지문인데도 이해하기 어려워요. 시간 내에 문제를 풀기 어렵죠. 이런 현상은 국어에만 해당되는 게 아니라 사회탐구, 과학탐구까지 광범위하게 연결됩니다.

사춘기라 동기가 떨어지고 집중이 안 된다고 공부할 마음이 생길 때까지 쉬면서 기다리는 건 좋은 방법이 아닙니다. 사춘기라 견디면서 해야 하는 것이 공부입니다. 기초 연계 학습 유형인 수학, 광범위한 영역에서 고난이도 문제로 연결되는 어휘 공부는 꼭 챙겨 주세요.

고등학교 선택은
아이의 결정대로 한다

"남녀 아이들 성향에 따른 고등학교 선택법이 있을까요? 아이와 의견이 다를 땐 어떻게 정하는 게 좋을까요?"

사춘기 아이들이 학습이나 진로를 가장 많이 고민하는 때가 언제인 줄 아시나요? 바로 고등학교를 선택할 때입니다. 재미있는 점은 부모도 같은 고민을 하는데 걱정 포인트가 전혀 다르다는 거예요. 학부모는 어느 학교에 가면 공부에 집중할 수 있는지, 대학 입학 결과는 어떤지에 관심이 높지만 아이들은 대학 입시 결과보다 '적응' 문제를 더 중요하게 여겨요.

수도권 기준으로 중학교는 남녀 공학이 많아요. 지역에서 바로 배정받으니 익숙한 친구들이 많죠. 고등학교는 달라요. 지금까지 경험해 보지 못한 '남고, 여고'라는 큰 구분이 생기죠. 진로 방향이 정확하게 정해지는 경쟁이 치열한 특목고와 자사고, 익숙하지만 학습 분위기가 걱정되는 일반고, 다양한 선택지가 있어요.

고등학교는 대입을 본격적으로 준비하는 곳이라 자신과 맞는 학교를 신중하게 골라야 해요. 어떤 곳이 자신의 성향에 맞는 곳인지 짧은 시간에 알아보고 결정하는 일은 누구에게나 부담스러워요. 힘든 결정이에요. 학교를 비교해서 알아보고 고민하는 과정을 피하려고 친구 따라 결정하는 아이들이 있어요. 자신에게 맞는 학교를 선택해야 합니다. 대학 입학 성과만 고려하거나 분위기에 휩쓸려서 학교를 선택하면 입학 후 큰 어려움을 겪습니다.

고교 선택에서 가장 먼저 고려해야 할 현실적인 조건은 전체 학생 수와 내가 선택할 계열의 학생 비중입니다. 현 고등학교 1학년 내신은 상대평가이기 때문에 학생의 수가 적으면, 실수 하나에도 등급이 하락할 수 있어요. 문과는 문과 학생이 많은 학교로 이과는 이과 학생이 많은 학교로 가는 게 훨씬 유리해요. 입시 결과도 학교 전체 'SKY'나 '인 서울' 합격생이 아닌 계열 입시 결과를 세부적으로 살피는 것이 포인트예요.

사춘기 멘탈 수업

경쟁에 강한 아이가
특목고에 적응한다

특목고, 자사고, 학군지 고등학교를 고민하는 학생은 '경쟁 상황에서 좋은 성과를 낼 수 있는지' 살펴야 합니다. 성향에 따라 어떤 학생은 경쟁에서 더 좋은 성과를 내지만 경쟁 환경에 취약한 학생은 제 실력을 발휘하기 어려운 경우도 있어요. 학습 스트레스가 높고, 학습에 자신감이 없어 본인이 겨우 합격했다고 생각하거나 과학이나 어학에 관심이 적은 학생은 특목고, 자사고 선택에 신중하라고 조언합니다.

특목고는 과학, 어학에 탁월한 인재를 기르기 위한 목적이 있어서 해당 분야에 큰 관심이 없는 경우 심화 학습에서 좋은 성적을 내기 어려워요. 제2외국어와 과학 심화 수업 방식은 발표나 보고서 등 많은 시간을 요하는 학습이 많아 대입 준비에 오히려 불리할 수 있어요. 단순히 '하기 싫은 공부도 우수한 아이들을 따라서 하다 보면 좋은 대학 가는 데 도움이 되겠지'라는 안일한 생각으로 선택해서는 안 돼요. 입시 전문가들의 각종 분석 자료를 참고해 보면 특목고의 하위권 학생은 일반고 상위권 학생보다 입시에 불리하고, 특목고 타이틀이 서류 전형에 오히려 걸림돌로 작용할 수도 있다고 합니다.

사춘기 멘탈 수업

공부 동기를 어디서 얻느냐가
학교 선택의 기준

고등학교 선택에 중요한 판단 기준 중 하나는 '나의 공부 에너지 원천'이 어디에서 오는지 아는 것입니다. 학생마다 공부 동기와 자극 포인트가 달라요. 에너지 원천이 학교생활과 친구라면 남녀 공학이나 남고 여고냐가 중요한 영향을 미쳐요.

평소 친구들을 좋아하고 관심 받기를 좋아한다면 남녀 공학이 더 유리해요. 이런 아이들은 인기를 얻기 위해 공부에 더 신경 쓰고, 학교에서 모범생으로 자기 이미지를 관리하는 경향이 있어요. 인기 관리가 공부 에너지가 되어 성적 유지에 힘쓰고 학교생활, 동아리 활동에 주도적으로 임해서 생활기록부 전형에 우수한 평가를 받을 수 있어요.

　남녀 공학을 피해야 하는 학생도 있어요. 중학교 때 남녀 친구들이 많은 '인싸'였지만 공부를 놓치게 된 경우예요. 친구들과 어울리는 환경보다 적응하기는 어려워도 친구 자극을 피해서 집중해서 공부할 수 있는 환경이 더 적합해요. 친구 사귀기가 힘든 내향적인 성격인 아이들도 남고, 여고가 적응하는 데 더 수월하고 학습에 집중할 수 있어요.

대입이 끝날 때까지
헛된 공부는 없다

특목고와 자사고 입시에 실패해서 원하지 않은 일반고에 가는 학생도 많아요. 배정받은 일반 고등학교를 별 볼 일 없다고 생각하고 무시해서 학교 분위기와 선생님, 친구들 모두 마음에 안 들 수 있어요. 특목고 입시는 중학교 때 입시 공부를 시작합니다. 특목고를 가려고 준비했는데 불합격한 친구들은 다른 친구들이 놀 때 열심히 공부했기 때문에 그동안 노력이 헛되다고 생각해요. 억울하고 우울해져 심한 슬럼프를 겪을 수 있으니 주의해야 해요.

대입이 끝날 때까지 끝난 게 아니고 헛된 공부는 없습니다. 특목고 입학을 준비하면서 선행한 공부는 고스란히 고등학교에서 빛을 발할 것이고, 각종 활동이나 자기 소개서, 면접을 위해 혼신을 다했던 노력은 생활기록부 준비에 큰 도움을 주니까요.

'산 좋고, 물 좋고, 정자 좋은 곳은 없다'는 말이 있어요. 모든 것이 완벽하게 좋을 수는 없다는 말이죠. 고등학교 선택도 마찬가지예요. 내가 원하는 것은 학교에 다 없어요. 기대하던 것과 달라서 실망할 수도 있고, 원치 않는 선택지가 주어질 수도 있어요. 내가 선택하고 내 것이 되었다면, 자신에게 맞게 만들어 가야 해요. 최종 결과는 선택한 당사자의 몫이니까요. 인생은 선택해서 결정하고 책임을 지는 일의 연속이에요. 고등학교 결정도 아이가 경험할 수 있는 좋은 인생 공부 중에 하나입니다.

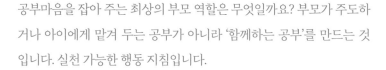

공부 멘탈 잡기

핵 심 포 인 트

공부마음을 잡아 주는 최상의 부모 역할은 무엇일까요? 부모가 주도하거나 아이에게 맡겨 두는 공부가 아니라 '함께하는 공부'를 만드는 것입니다. 실천 가능한 행동 지침입니다.

1 공부에 대한 마음을 잘 이해해 주시고 응원해 주세요. 공부 양은 점점 많아지고 학습 난이도는 높습니다. 힘들고 어려운 공부를 하는 아이를 칭찬하고 격려해 주세요.

2 옆집 혹은 친한 친구 모범생 아이와 절대 비교하지 마세요. 무심코 던진 비교의 말이 아이의 공부 효능감을 떨어뜨립니다.

3 학습 정보와 좋은 학원 등 공부에 도움이 되는 지원을 하되 결정은 아이의 몫으로 남겨 주세요.

4 기상과 스케줄 관리가 되지 않는 날은 서로 지킬 수 있는 시간 계획을 세워서 약속하고 기록해 두세요. 못 지킨 날은 이유를 함께 찾고 나아지도록 도와주세요.

5 학습 습관이 무너지지 않게 적당한 긴장감을 주세요. 아이가 지쳤을 땐 위로가, 게을러질 땐 따끔한 훈육이 필요합니다.

시험 편

시험을 잘 보는
공부마음 관리

공부 효능감을 높이는
시험 활용하기

"시험은 왜 봐요? 스트레스가 심하고 힘들어요."

시험공부가 좋아서 하는 아이들이 있을까요? 저는 아이들에게 공부에 대해 어떻게 생각하는지 많이 물어요. 아이들 대답이 다양할 것 같지만 의외로 거의 비슷해요. 초등학생이 공부가 하기 싫은 이유는 학원 숙제가 많아서예요.

사춘기 아이들은 숙제에 시험까지 늘어나요. 안 그래도 하기 싫은 공부에 시험과 성적까지 추가되니 더 싫을 수밖에 없어요.

공부를 싫어하는 아이는 반드시 이유가 있어요. 심리적으로

'공부는 나에게 불쾌한 감정을 준다'로 해석할 수 있어요. 숙제는 아이 입장에서 지루하고 답답한 감정을 생기게 하죠. 시험은 숙제보다 복잡해요. 불안감, 부담감, 수치심, 열등감 같은 부정적인 감정을 주지만 보람, 자긍심, 자기 효능감 같은 긍정적인 감정도 함께 느낄 수 있어요.

사춘기 공부는 시험의 연속입니다. 중학교 2학년부터 내신 시험이 있죠. 고등학교 공부는 전 과목 내신 시험에 평소 각 과목 수행평가가 있어요. 대입을 위해 전국 단위 모의고사를 보고 수능 시험으로 마무리해요. 모든 공부가 시험 스케줄에 따라 움직인다 해도 과언이 아닙니다. 아이들은 시험공부를 주된 스트레스 원인으로 꼽습니다. 시험에 '공부 효능감'을 높이는 긍정적인 면이 있다는 사실을 알면 잘 극복할 수 있습니다.

고등학생이 되었을 때 공부가 고통스럽지 않으려면 사춘기에 시험에 대한 긍정성을 다지는 준비 작업이 필요해요. 이제 막 사춘기에 들어서는 아이들과 부모는 시험에 대한 부담을 내려놓고 시험을 공부 일상, 학습 방법의 중 하나로 받아들여야 장기적으로 유익하고 지치지 않을 수 있어요.

시험공부가 아니라
시험을 공부하자

시험을 본 후에는 점수와 등급을 보면서 잘했나 못했나를 평가해요. 아이의 현재 실력을 파악하는 데 필요한 지표예요. 결과를 해석하는 데 초점을 맞추면 발전이 없고 불안만 커집니다. 틀린 문제를 통해 배우는 시간으로 삼아야 합니다. 학습 심리 관점에서 시험은 가장 강력하게 지식을 습득할 수 있는 학습 방법이에요. 시험은 일종의 복습 학습 방법으로 '인출 학습'에 속합니다.

학습 심리 연구자들은 아주 오래전부터 어떻게 하면 학습 효과를 극대화 할 수 있을까 많은 실험과 연구를 거듭해 왔어요. 그 결과 '시험'이 인출 학습으로 가장 높은 효율성을 갖고 있다는 것을 밝혀냈어요. 공부 효과를 비교한 유명한 실험이 있는데 시험을 2~7일 앞두고 A그룹은 1시간 공부, 1시간 쪽지 시험으로 공부하고, B그룹은 2시간 동안 배운 내용을 읽으면서 공부하게 했어요. A그룹은 시험 즉, 인출 학습 방법을 사용하고, B그룹은 반복 학습 방법을 사용했어요. 결과는 시험을 통해 공부한 A그룹이 B그룹에 비해 성적이 30퍼센트 높았어요. 배운 내용을 기억하는 정도 역시 A그룹이 B그룹에 비해 50퍼센트 이상 높았습니다.

아이들은 반복 학습으로 완벽하게 습득한 후 공부하려는 경향이 있어요. 문제집이든 시험이든 틀려서 빨간 줄이 가는 것을 싫어해요. 정답을 찾지 못하면 불쾌하거든요. 아이들은 반복 학습하고, 완벽하게 알았는지 확인하는 것을 시험이라 생각해요. 완벽하게 학습하려다 보니 양은 많고, 시간이 부족하니 시험 범위를 다 끝내기도 힘들어요. 범위를 다 끝냈더라도 문제집 한 번 풀고 나면 바로 중간고사, 기말고사 시험이에요. 문제집에서 틀린 문제는 시험에서 또 틀리죠. 오답을 체크하고 공부했더라면 맞을 수도 있을 문제였죠.

틀린 문제는 다시 틀리기 마련입니다. 틀린 문제는 정확하게 모르는 부분이고, 공부해야 할 부분입니다. 시험을 평가 위주로 생각하면 틀리는 게 기분 나빠서 '읽는 학습'만 반복하고 지루한 공부를 하게 돼요.

　시험을 가장 효과적인 공부 방법으로 여기고, '시험에서 배운다'고 생각을 바꾸면 놀라운 변화가 일어나요. 시험을 공부법의 하나로 여기면 평소 문제집을 푸는 것부터 학교 쪽지 시험 등 각종 시험을 준비하고 임하는 마음가짐이 한결 가벼워져요. 자기 주도 학습의 시작으로 공부 사고력을 높이고 재밌게 공부하는 방법을 터득할 수 있어요. 시험을 본 후에는 틀린 문제의 유형을 살펴보고 공부하게 됩니다. 이런 패턴이 자리 잡으면 시험 점수가 올라서 스스로 느끼는 뿌듯함이 커져요.

시험 불안은 잘하고 싶은
마음에서 온다

시험 불안은 어디에서 오는 걸까요? 시험 불안은 시험을 잘 보고 싶은 마음에서 와요. 시험을 잘 보고 싶다는 것은 그만큼 기대가 높다는 걸 의미하죠. 기대는 아이들 스스로 시험을 잘 보고 싶은 순수한 마음과 부모의 기대에 부응하고 싶은 마음에서 와요. 자기 기대에 부모 기대까지 더했으니 시험 스트레스는 높아지고, 잘하려는 마음이 크니 몸에 잔뜩 힘이 들어가게 돼요.

사람은 뭔가 잘하려 하면 몸에 힘이 들어가요. 갑자기 과다한 힘이 들어가면 우리 몸은 즉시 반응을 해요. 우선 근육이 수축되고 몸이 굳어지죠. 수축된 근육은 혈관을 눌러 혈류 속도를 높이

사춘기 멘탈 수업

고, 심장을 빠르게 뛰게 합니다. 빠른 심장 박동은 바로 신경 전달 물질을 통해 뇌에 비상사태라고 통보해요. 뇌가 비상사태라는 통보를 받으면 사고하는 뇌 부분의 버튼을 꺼 버려요. 생각에 쓰는 에너지도 아껴 빠른 대처를 해야 하니까요. '머릿속이 하얗고, 아무 생각이 나지 않는 것'은 극도로 긴장해 발생한 뇌의 반응입니다. 그러니 시험 불안을 극복하거나 예방하려면 몸에 힘을 빼기 즉, 기대를 낮추고, 평소처럼 시험에 임하는 마음이 필요합니다.

평소 실력보다 시험을 못 본다는 아이 어머니에게 시험 보러 가기 전에 뭐라고 말해 주는지 물었어요. "시험 잘 봐! 엄마는 우리 딸 믿어. 지금까지 열심히 했으니까 잘 볼 거야!" 흔히 아이에게 자주하는 격려의 말이에요. 그 격려의 말은 의도와 달리 무의식적으로 자녀에게 '시험 결과가 좋아야 엄마의 신뢰를 얻을 수 있다. 열심히 공부했으면 결과가 반드시 좋아야 해'라는 경직된 생각을 갖게 해요.

시험은 운도 많이 작용한다는 사실을 아시나요? 공부를 열심히 했다고 반드시 좋은 결과가 있는 것은 아닙니다. 시험을 잘 보라는 덕담도 상대에 따라 잘 봐야 하는 부담으로 작용할 수 있어요. '평소대로 해. 아는 만큼만 최선을 다하면 돼.' 이 정도가 부담을 주지 않는 격려입니다.

시험을 못 보는 아이의
시험 불안 원인 찾기

평소 실력보다 항상 시험을 못 보는 자녀가 있다면 부모 입장에서는 안타깝고 안쓰럽습니다. 준비 부족이 아니라 심리적인 불안 때문이라면 불안의 유형을 알아야 합니다. 시험 불안의 원인은 크게 몇 가지로 나눕니다.

학생 본인의 기대와 엄마의 욕심이 클 때, 결과에 대한 두려움이 강할 때, 경쟁심에 마음이 흔들리고 실패를 회복하는 힘이 약할 때, '나는 해도 안 된다' 혹은 '시험 운이 없다'처럼 비합리적인 생각에 빠질 때입니다.

"제 딸아이는 학교나 학원에서 선생님들이 칭찬해 주시고, 학습 태

사춘기 멘탈 수업

도가 좋다고 피드백해 주시는데 시험만 보면 점수가 안 나와요. 실력 발휘가 안 되니 좀 더 나은 학원에 보내려고 학원 테스트를 받아 보라고 해도 아이가 시도하지 않네요. 중간고사를 망치고 자신감이 바닥을 쳤어요. 기말고사 준비 기간이 되니 우울해지고, 공부하는 게 싫다는 얘기를 자주 해서 걱정돼요."

성실하고 열심히 공부하는데 시험을 못 본다면 시험 불안을 의심해 볼 수 있어요. 시험을 앞두고 불안한 것은 자연스러운 거예요. 그렇다고 모두가 시험을 망치지는 않으니 다른 이유가 있겠죠. 시험 불안은 시험 당일 불안으로 머리가 하얘져 시험을 제 시간에 풀지 못하거나 알고 있는 것을 틀리는 경우와, 평소에 불안해서 시험공부에 집중하지 못하는 경우로 나눠 볼 수 있어요. 심한 경우 두 가지 모두 해당되기도 하죠.

공부 욕심은 열정
경쟁심은 욕심이다

시험 전 불안이 높은 이유는 경쟁심에 마음이 흔들려서입니다. 시험 전에 잡생각과 걱정이 많은데 주로 '친구보다 내가 못하면 어떻게 하지?' '이번에 성적이 떨어지면 어떻게 하지?'와 같은 거예요. 친구의 성적은 내가 조절할 수 없는 부분이에요. 타인과 외부 요소는 통제할 수 없는 영역이니까요. 내가 어찌할 수 없고 가늠할 수 없는 요인이라서 친구를 의식하면 열심히 공부해도 시험 불안에서 벗어날 수 없어요.

시험 목표나 기준을 자기 자신의 것으로 바꿔 주세요. 시험 목표는 단순히 등급, 점수가 아니라 내가 전에 받았던 성적 혹은 목표 점수여야 해요. 사람들은 목표가 있으면 안정감을 얻고 수행이 향상됩니다. 모호하고 불안한 상황을 기준으로 두지 말고, 자기 점수를 기준으로 10퍼센트 혹은 20퍼센트 향상으로 실현 가능한 목표를 세우고 노력해 보세요.

경쟁심은 굉장히 자극적이고 힘이 센 학습 에너지이지만 동시에 경쟁에 졌을 때 나를 상하게 하는 위험한 에너지예요. 스트레스를 동력으로 사용해 굉장히 고통스러운 공부를 하게 만들어요. 부모들 중 이런 모습을 칭찬해 주는 경우가 많아요. 공부 욕심이 많은 게 좋은 거라 생각하시죠. 시험 긴장감이 부족하다 느끼면 다른 아이와 비교하기도 해요. 혼동하지 말아야 하는 점은 공부 욕심과 경쟁심의 차이예요.

공부 욕심은 공부를 더 하고 싶은 마음인 열정이고, 경쟁심은 친구를 이기고 싶어 하는 욕심이에요. 당장은 친구를 이기고 싶은 마음에 공부를 더 할 수 있어요. 긴 안목으로 보면 공부 때문에 친구관계가 불편해지고 공부 효능감이 떨어지는 건강하지 않은 방법입니다.

시험 당일 불안과 시험 준비 불안으로 동시에 힘들어 한다면 불안이 이미 만성화된 상태입니다. 부정적인 생각이 악순환되어 마음이 괴롭습니다. 부담과 경쟁심으로 노력해도 성과가 나오지 않는 경험이 반복되면 실패에 대한 두려움이 커져요. 두려움은 행동을 막는 힘이 센 마음입니다. 사람은 두려워지면 피해요. 맞서서 도전하지 않고 피하면 능력을 십분 발휘할 수 없는 게 당연하고요. 학습에서 실력 대비 성적이 좋지 않거나 노력해도 성적이 오르지 않는 한계가 생겨요.

회복 탄력성을 길러야
성적이 오른다

성적의 속성은 올랐다 내렸다를 반복하는 것입니다. 성적 향상은 상승세가 지속되는 기록을 보이지 않아요. 노력해도 오르지 않거나 떨어지는 슬럼프를 극복하고 도약하는 과정을 겪었다는 뜻이에요. '회복 탄력성'이라는 말을 들어 보셨을 거예요. 성공하는 사람들이 가진 핵심 역량으로 실패해도 일어나는 오뚝이 같은 힘을 말하죠.

회복 탄력성을 기르려면 눈앞의 결과나 성적에 일희일비하는 습관을 버려야 합니다. 아이가 원하는 점수가 안 나왔다고 '내가 못 나서' '시험이 너무 어려워서'처럼 내 탓, 환경 탓을 한다면 다음 시험을 위해 전혀 도움이 되지 않는 생각이라고 말해 주세요. 과감하게 그런 생각은 버려야 합니다. 열심히 했다면 스스로 인정해 주어야 해요. 열심히 공부한 자신을 인정해 주고, 성적과 시험에 대한 불안을 낮추는 일만으로도 슬럼프는 이겨 낼 수 있습니다.

시험 기간만 되면 극도로 예민해서 공부 외에 활동은 전혀 하지 않고 온 가족을 긴장시키는 여고생이 있었어요. 성적이 떨어졌다고 심하게 자책하고 자신감이 점점 낮아졌어요. 공부 동기가 떨어지니 시험공부에 집중할 수 없는 상황에 이르렀어요.

상담으로 성적 하락의 원인인 불안을 치료했어요. 먼저 공부하는 시간을 줄이고 스스로 칭찬하게 했어요. 그러니 자신에 대한 만족감이 높아졌어요. 몸을 돌보고 시험 기간에도 적당한 휴식을 취하며 공부할 수 있게 되었어요. 평안한 마음과 최상의 컨디션으로 시험에서 실력 발휘를 했어요.

결과적으로 원하는 만큼 성적이 향상되었답니다.

'공부를 한 만큼 성적이 나오는 것이 아니라 최선을 다한 만큼 실력이 쌓인다'는 과정 중심으로 공부에 대한 생각을 바꾸니 시험 불안이 현저히 낮아졌어요. 시험 전 수면 상태도 개선이 되었어요. 좋은 컨디션으로 시험을 보니 실수 없이 실력을 발휘했어요.

사춘기 멘탈 수업

시험을 못 보았다면 공부의 한 과정을 지나는 중이라고 생각하도록 해 주세요. 시험공부는 끊임없이 실패를 딛고 다시 도전하는 용기를 배우는 인생의 중요한 공부이기도 합니다.

성적이 오르지 않으면
공부법을 바꾸자

열심히 공부하는 아이의 성적이 안 오른다면 열심만 강조하는 부모의 훈육이 문제일 수 있습니다. '공부에 왕도는 없다'는 생각으로 밀어붙이지 말고 원인을 찾아야 합니다.

열심히 하는데 성적이 오르지 않는 학생 유형은 수업 태도도 좋고, 모범생 타입이지만 학습 기술이 떨어지는 경우입니다. 아이가 성실하기 때문에 부모 마음은 안타깝고 아이는 스스로 '내 머리가 좋지 않나' 낙담하고 실망해요.

이런 유형 학생들과 부모는 의외로 자신을 잘 모르는 경향이 있어요. 아이는 '모범생' 모습을 유지하느라 선생님의 지시를 그

대로 따르는 수동적인 공부를 해요. 상위권 성적을 기록한다는 것은 고난이도 문제를 풀어야 가능한데 수동적으로 하는 공부가 문제 해결 능력 발달을 방해해요.

'문제 해결 능력'이란 이것저것 시도해 보고 실패를 통해 배우는 능력이에요. 여기에 전체를 파악하는 눈과 문제에 숨어 있는 뜻을 찾고 논리적으로 연결하는 맥락적 추리력도 필요하죠. 이 능력은 스스로 어려운 문제를 푸는 연습을 통해 길러지는데 모범생 아이들은 자신이 모르는 부분을 다른 사람에게 보이고 싶어 하지 않아요.

모범생 타입으로 성적에 한계를 보인다면 현재 학습 난이도를 조정하는 것이 필요합니다. 숙제를 성실하게 하고 수업에 집중해서 풀 수 있는 문제는 이미 자기 주도 학습 습관을 갖춘 학생 혼자서도 할 수 있습니다. 심화 문제에 도전하고, 푸는 훈련을 강화하는 방향으로 학습 전략을 바꾸면 효과가 나타납니다. 과제 집착력을 갖고 때로 문제를 못 풀거나 만족스러운 아웃풋이 없어도 견뎌야 합니다.

유형 밖의 문제를 스스로 생각하고 해결하는 연습은 꼭 필요하고 성적 향상에 도움이 됩니다.

‘입력형’ 공부를 고집하는 아이들도 성적 향상에 한계가 있습니다. ‘입력형 공부’란 학습 내용을 읽고 또 읽으며 반복하는 것을 말합니다. 이런 공부 패턴은 중요한 학습 포인트를 파악하기 어려워서 학습 양을 줄일 수 없어요.

기출 문제에서 핵심을 정확히 알고 심화 공부를 하면 좋습니다. 넓게만 공부하면 실제로 공부 양은 많은데 성적은 노력 대비 오르지 않습니다.

극상위권의 공통점은
오답 노트와 시험지 모으기

"무조건 열심히 하는 것이 좋은 공부법이 아니라면 공부를 잘하는 비결은 무엇일까요?"

상담하면서 성적이 극상위권인 학생들을 많이 만나는데 어떻게 공부를 잘할 수 있는지 궁금해서 살펴봐요. 모두 자신만의 공부 방법이 있고 그대로 실천을 잘한다는 점이에요. 무엇보다 다른 학생들과 차별되는 공통점 두 가지가 있어요. 오답 노트를 성실히 하고, 시험지를 버리지 않고 모으는 거예요.

대다수 아이들은 중간고사나 기말고사를 보고 나면 채점을 하고 기분 나빠져서 혹은 시험이라면 지긋지긋하다고 시험지를 버려요. 제가 만난 극상위권 고등학생은 중학교 때 내신 시험지를 다 가지고 있었어요. 틀린 문제는 다시 풀고 자신이 틀린 이유를 적어 놓았어요.

중간고사와 기말고사는 선생님이 한 학기 동안 배우면서 꼭 알아야 한다고 생각하는 문제를 출제해요. 학교마다 다른데 앞으로 공부하는 데 무슨 도움이 될까 생각할 수 있지만, 교과 학습 목표와 필수 수업 내용 등은 교육부 가이드라인을 따르기 때문에 공통적이라 할 수 있어요.

한 학기 학습 필수 내용과 심화 엑기스가 담긴 것이 중간·기말 시험지인 셈이에요. 이 한 장으로 중학교 교과과정을 빠르게 복습할 수 있고 부족한 부분이 어딘지 쉽게 알 수 있어요.

사춘기 멘탈 수업

목표 공부 양을 끝내는
효과적인 공부법

뇌는 생각을 많이 하면 실제로 그 일을 수행한 것처럼 착각할 수 있어요. 공부에 대한 생각을 많이 한 아이도 열심히 공부했다고 착각하기 쉬워요. 공부에 대한 생각은 마음만 먹은 것이지 진짜 공부를 한 것은 아니니까요.

공부를 한다고 앉아 있는 시간 역시 모두 공부 시간은 아닙니다. 진짜 공부를 한 시간을 확인해 보기를 조언합니다. 공부를 한다고 앉아서 딴 생각을 하거나 집중하지 못하면 몸만 앉아 있는 상황입니다. 시간만 썼지 실제로 공부한 시간은 짧을 수 있습니다.

타임 스케줄로 학습관리를 하지 말고 목표 공부 양을 정해서 완수하는 것으로 전략을 바꿔 보세요. 목표 양 기준으로 학습하면서 시간 대비 효율이 떨어지는 이유가 학습 속도의 문제인지, 집중력 문제인지 혹은 난이도 문제인지 확인하면서 원인에 맞게 학습 전략을 개선해야 합니다.

스스로 학습 전략에 대한 원인 파악과 솔루션이 어렵다면 전문가를 찾아 정확한 검사를 토대로 개선 방법을 코칭받는 것도 효과적 방법이 될 수 있습니다.

중학교 내신에서
안정적인 공부 위치 잡기

　요즘 아이들은 중학교 2학년에 학교에서 공식적인 시험을 처음 봅니다. 첫 성적표에 '이만하면 됐어' 만족하기도 하지만 생각보다 성적이 나오지 않아 실망하기도 해요. 중학교 첫 시험은 아이가 공부 위치를 안정적으로 잡는 데 기준이 됩니다. 이때 성적에 대한 부모의 반응이 앞으로 자녀와의 관계를 좌우하죠.

　첫 시험인 중2 중간고사 점수보다 기말고사의 점수 변화에 주목해야 합니다. 과목별 점수가 얼마나 올랐는지 공부 방법의 차이는 무엇이었는지 스스로 경험해 보는 게 중요합니다. 이 경험은 고1 생활을 잘 견디는 데 결정적인 역할을 합니다.

중2 첫 시험은 공부를 안 하던 아이들도 긴장해서 공부에 신경을 쓰고 노력하게 해요. 공부를 안 하던 아이들의 학습 태도를 바로잡는 절호의 기회랍니다. 다행히 성적이 잘 나오면 분위기를 이어가기 쉽지만, 원하는 성적이 나오지 않으면 공부와 멀어질 위험도 있으니 주의가 필요하죠.

부모의 반응은 성적에 대한 평가보다 열심히 노력한 아이를 인정해 주는 게 중요해요. 결과에 실망이 크면 부모는 아이의 눈치를 보면서 성적에 대해 말하고 싶은 마음을 꾹 참기도 해요. 사람은 하고 싶은 이야기를 참는다고 생각하는데 그 마음은 숨겨지지 않아요. 친구 자녀가 성적이 올랐다는 것을 부러운 듯 무심코 얘기할 수 있고, 아이의 공부 상태를 직접 언급하지 않지만, 학습 정보를 자주 이야기하기도 해요. 부모는 의식하지 못한 공부 이야기를 더 자주 하고 공부 스트레스와 부담을 더 줍니다.

아이가 상처를 받을까봐 성적 이야기를 피하기보다 원하는 성적이 왜 나오지 않았는지 아이와 원인을 찾고 개선할 수 있는 방법을 허심탄회하게 대화하는 시간을 가져 보세요. 이 책의 내용도 원인을 파악하고 아이를 도울 수 있는 좋은 자료 중 하나입니다.

사춘기 공부는 실현 가능한 공부를 전략적으로 지속하는 게 핵심이에요. 사춘기가 피크인 중학생은 핵심 과목 중심으로 기초 연계 과목을 놓지 않고 공부하면서 내신 시험 점수를 놓치지 않는 게 중요해요. 중학교 2, 3학년 내신 성적은 최대한 실력 발휘를 해서 안정적 위치로 확보해 놓는 게 좋아요. 사람은 자신의 위치를 확인하고 유지하려는 습성이 있어서 그 자체가 학습 동기가 되니까요.

고등학교 공부는 성적이 떨어져도 견디면서 전략적으로 잘하는 과목에 최상의 성적을 얻고 못하는 과목은 최소 시간을 투자해서 안 되면 포기할 필요도 있어요.

자신에게 맞는 시간 계획으로
시험 범위 끝까지 공부하기

시험 성적이 잘 나오지 않는 데는 이유가 있어요.

의외로 시험 범위를 끝까지 공부하지 못하고 시험을 보는 아이들이 많아요. 이런 아이들은 끝까지 공부할 시간이 있었으면 성적이 올랐을 거라고 생각해요. 반은 맞고 반은 틀린 생각이에요. 당연히 시간을 들여 끝까지 공부한다면 성적이 올라요. 만약 아이에게 충분한 시간이 있으면 시험 범위를 다 공부할 수 있을까요? 이것은 별개 문제예요.

아이가 시간에 맞춰 끝까지 공부할 수 있으려면 시간 파악과 계획 능력이 있어야 해요. 시험 범위를 다 끝내려면 필요한 시간과 자신의 학습 속도에 맞춰서 계획을 세워야 하는데, 자신의 능력을 고려하지 않고 이상적인 목표를 세워 실천이 불가능한 경우가 많아요. 학습 속도가 느리면 좀 더 오랜 기간 시험공부를 해야 하고 빠르면 그 시간만큼 반복하는 개인 맞춤형 계획이 필요해요.

좋아하는 과목만 공부해서 성적에 편차가 발생하기도 해요. 여기에 속한 아이들은 싫어하는 과목만 더 공부하면 성적이 오를 거라고 생각해요. 다음 시험 기간에 싫어하는 과목을 갑자기 좋아하게 될까요? 현실상 불가능해요. 이런 아이들은 공부를 흥미로 하려는 아이들이에요. 얼핏 들으면 흥미를 가지고 공부하는 것이 이상적이란 생각이 들지만 이 생각에는 큰 함정이 있어요.

애초에 모든 과목 공부가 재미있을 수 없다는 거예요. 좋아하는 과목은 성적이 좋거나 선호하는 학습 방법이 통하는 과목이에요. 사고 학습을 선호하면 수학과 과학이 좋다고 해요. 이야기가 좋거나 암기에 능하다면 인문 사회 과목에 뛰어나죠. 공부가 재미있고 할 만하다는 아이는 대체로 모든 과목을 잘해서 성과와 인정이라는 보상을 받아요.

공부를 좋아하려면 공부를 잘하는 성과를 얻어 봐야 해요. 어떤 방식으로든 공부를 잘해 보는 경험을 먼저 해봐야 공부를 좋아하게 돼요.

시험은 공부를 열심히 해보고, 내 성과도 평가해 보는 좋은 기회예요. 보이는 성과 없이 하기 싫은 공부를 지속하려면 힘들어요. 사춘기 아이들이 힘들어 하는 것이 시험이라고 하지만, 어떤 의미에서 공부 동기를 살려 주고, 자극을 줄 수 있는 것도 시험입니다.

사춘기 아이들에게 시험 범위를 다 공부하는 것, 계획을 세워서 지켜보는 것, 성적을 받아 보는 경험은 모두 소중하다고 이야기해요. 아이들은 목표를 세우고 계획을 짜서 전 과목을 다 완성하는 긴 호흡의 자기 주도 학습법을 배워요.

목표는 원하는 성적이 아니고 전 시험에 받았던 내 성적을 기준으로 올리는 게 좋아요. 지금 성적에 실망하지 않고 계속 공부하는 게 제일 중요하다고 강조해 주세요. 목표가 높은 아이는 만족하는 공부를 하기 어렵고, 잘해도 못해도 항상 스트레스에 시달려요. 목표가 높아서 항상 실패할 수 있으니 처음에는 현실적으로 동기 부여가 될 정도로 시작하는 게 좋아요.

사춘기 멘탈 수업

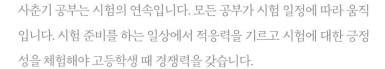

시험 멘탈 잡기

핵 심 포 인 트

사춘기 공부는 시험의 연속입니다. 모든 공부가 시험 일정에 따라 움직입니다. 시험 준비를 하는 일상에서 적응력을 기르고 시험에 대한 긍정성을 체험해야 고등학생 때 경쟁력을 갖춥니다.

1 심리적인 불안으로 시험을 못 보는 원인은 4가지입니다. 본인의 기대나 부모의 욕심, 실패에 대한 두려움, 경쟁과 결과에 따른 회복 탄력성 염려, 자신은 운이 없다는 비합리적 생각입니다.

2 시험 목표를 등급이나 원하는 점수로 잡지 마세요. 이전 시험에서 받았던 자신의 성적을 기준으로 구체적인 향상 점수를 정해서 성공 경험을 하는 게 좋습니다.

3 중간고사와 기말고사 시험지는 버리지 말고 모으세요. 극상위권 학생들의 공통점입니다. 교육부 가이드라인을 따른 시험 문제는 학습 필수 내용을 담은 엑기스입니다. 시험지 몇 장으로 중학교 교과 과정을 빠르게 복습하면서 부족한 부분이 어딘지 쉽게 파악할 수 있어요.

4 아이가 상처 받을까봐 성적 이야기를 피하지 말고 원하는 성적이 왜 나오지 않았는지 함께 원인을 찾고 개선할 방법을 찾으세요.

5 개인 맞춤형 시간 계획을 세워서 시험 범위 끝까지 공부하는 습관을 들이세요. 전 과목을 공부하는 긴 호흡의 자기 주도 학습법입니다.

가족 편

가정 안에
답이 있다

아이는 사춘기
엄마는 갱년기 아빠는 은퇴기

가족 모두가 처음 겪는 몸도 마음도 가장 예민하고 힘든 시기
가 있습니다. 아이는 사춘기, 엄마는 갱년기, 아빠는 은퇴기입니
다. 서로를 이해해야 할 때이지만 각자 처한 상황이 힘들기에 쉽
지 않습니다.

가족도 성장한다는 사실을 아시나요? 아이들이 청소년기를 거
쳐 어른으로 성장하듯이 부모도 나이에 맞게 성숙해 갑니다. 사
람은 개인 생애주기와 가족 생활주기 두 축이 톱니바퀴처럼 돌아
가면서 발달을 해요.

생애주기는 각 단계마다 거치는 발달 과업이라 그 시기에 발달시켜야 할 것이 있어요. 사춘기는 생애주기 상 청소년기로 아동에서 성인으로 발달하는 과정입니다. 신체·심리·정신적 발달이 폭발적으로 일어나죠. 성취 과제는 자율성과 정체성 발달입니다. 자율성을 확보하는 과정에서 부모와 갈등이 발생하고, 정체성 발달 과정에서 교우관계와 자존감이 중요해져요. 신체적으로 각자 성 역할을 인식하고, 이성에게 친근감을 갖습니다.

성인기 중 청소년기처럼 전인적인 변화로 혼란스러운 때를 꼽으라고 하면 바로 '중년기'입니다. 사춘기 자녀를 둔 부모들이 여기에 해당되죠. 현실 생활에서 사춘기 아이들이 힘들게 하고, 정신없이 바쁜 때라 스스로 중년기를 자각하기 쉽지 않습니다.

중년은 신체적 노화를 느끼고, 성 호르몬 감소로 갱년기를 경험합니다. 심리적으로 젊음을 상실하면서 우울하고 여성은 생리가 불규칙해지다가 폐경기를 맞습니다. 남성은 성 기능과 욕구가 급격히 떨어집니다. 성 호르몬 감소는 수면 패턴을 변화시켜요. 사춘기에 호르몬의 영향으로 잠이 많아지고 잠자는 시간이 늦어진다면 중년기는 초저녁잠이 많아지고, 불규칙한 수면으로 피곤해져요. 호르몬 변화로 인한 수면 부족은 컨디션 저하로 이어집니다. 부모 자녀 모두 짜증이 늘어나요. 사춘기 부모와 자녀가 작은 일에 날카로워지고 싸움이 커지는 이유는 바로 이 때문입니다.

가족의 생활주기 상 중년은 가장 힘든 때입니다. 중년기는 일명 '샌드위치 세대'라 하여 사춘기 자녀를 키우는 일과 함께 노부모를 보살피는 책임을 맡게 돼요. 어린 자녀에 비해 청소년 자녀는 직접 돌봄은 줄어들지만 교육과 경제적 부담이 커져요. 노부모가 병환이 있다면 직접 돌봐야 하는 경제적, 육체적 부담 역시 늘어나죠.

중년기는 아빠보다 엄마의 고통이 더 클 수 있어요. 여성은 삶에서 관계가 주는 만족이 크고 가족에서 에너지를 충전받아요. 그동안 부모님의 도움과 남편의 사랑을 받고 아이들을 키우며 보람을 느꼈는데 이제는 어느 하나도 충분히 채워지지 않아요.

'별로 힘든 건 모르겠는데 화가 많이 나요. 오히려 에너지가 넘쳐 걱정이에요.' 하시는 분들도 있어요. 마음이 힘들다는 건 꼭 우울하고 침울한 모습은 아닙니다. 성향에 따라 '화'의 모습으로 반응하기도 하죠. '화'는 목소리가 크고 뭔가 과한 행동을 해서 에너지라고 오해할 수 있는데 사실 에너지를 소모하게 해요.

겉으로 보이는 '화'는 마음속 깊이 들여다보면 슬픔이나 공허함일 수 있어요. 엄마는 하고 싶은 거 못하고 돈 아껴 가며 학원을 보내는데 아이는 공부엔 성과가 없고, 남편은 '집에서 뭐하는 거냐'는 야속한 소리만 해요. 참아 왔던 섭섭함과 '내가 뭘 한 거지' 하는 공허함이 함께 터져 나오는데 가족들은 '별일 아닌 일에 화를 낸다'고 하죠.

돌아보니 내가 과한 것 같고 좋은 엄마가 아닌 것 같아 죄책감을 느끼죠. 이런 과정이 반복되면 마음이 멍들고, 조금만 자극을 받아도 화가 나요. 겉으로는 화를 내고 있지만 엄마의 마음속 깊은 곳에서는 자신도 모르게 울고 있을지도 몰라요.

사춘기 자녀도 사랑과 관심이 부족한 것은 마찬가지입니다. 어려서는 조금만 잘해도 잘한다고 칭찬받고, 사랑한다고 자주 표현했던 부모가 공부에만 관심을 가져요. 따뜻하고 다정했던 부모는 "했어? 안 했어? 왜 안했어?"를 무한 반복하는 AI 같은 부모로 변해 있어요. 집에 돌아오면 학원 스케줄과 숙제 체크만 하고, 안 했으면 야단맞는 일이 반복되니 부모를 보면 피하고 싶어요.

'갱년기 엄마와 사춘기 자녀가 맞붙으면 누가 이길 것 같으냐'는 농담이 있죠. 부모와 자녀 모두가 팽팽하게 맞선다는 의미예요. 아동기 가족은 부모가 앞장서면 자녀가 따르죠. 음악에 비유하자면 '단음 합창'이에요. 사춘기가 되면 자녀들이 각각 의견을 내고, 그 소리를 맞춰야 하는 '화음 합창'으로 변해요. 아름다운

사춘기 멘탈 수업

하모니를 내기 위해 합창 연습을 어떻게 하는지 아시나요? 먼저 각 파트는 다른 파트의 소리를 들어요. 들은 후에 다른 파트 음의 정도에 맞게 서로 소리가 어울리게 내 볼륨과 톤을 맞추죠.

사춘기 자녀가 있는 가족도 마찬가지예요. 중년기 부모와 사춘기 자녀 모두 '내가 더 힘드니 알아줘' 힘껏 소리치면 불협화음만 반복돼요. 부모가 먼저 자녀의 어려움을 돌아보고, 이해해야 해요. 자녀의 목소리에 귀 기울여 보세요. 그래야 자녀도 부모 말을 경청하고 공감하는 태도를 배웁니다. 가족 안에서 각자 다른 소리를 내더라도 한 소리의 아름다운 화음을 완성할 수 있습니다.

부모가 공부 완장을 버려야
아이의 공부마음이 편하다

점심시간에 커피 전문점에 가보면 중년 남성들의 대화의 열기도 만만치 않다는 걸 느껴요. 도대체 무슨 이야기를 하나 들어 보면 아이들 이야기예요. 자녀 이야기는 아빠들도 예외는 아니죠. 아빠들 회사 수다가 사춘기 자녀에게 불똥이 튀는 경우가 많아요. 회사에선 인정받는 에이스여도 아이들 성적순으로 아빠 어깨에 힘이 들어가니 잘난 아빠도 작아질 수밖에 없어요.

특히 스스로 공부 잘하고 회사에서도 승승장구하는 '공부 자수성가형' 아버지에게 우수한 성적표를 가져 오지 못하는 자녀는 실패감을 줘요. 아빠는 정보를 알아보고 좋다는 학원을 보내며 성적을 올리려고 하지만 자녀의 실력 향상은 더디죠. 자녀도 처음엔 부모를 실망시키지 않으려고 노력하지만 만족하지 않고 '더 더' 원하는 부모를 보면 무기력해지거나 반항하게 돼요.

공부를 잘했던 엄마 아빠는 아이들에게 보이지 않는 경쟁자라는 걸 아세요? 사춘기 아이들 입장에서 '인 서울 대학교'도 잘한 건데 'SKY'가 아니면 대학 취급을 안 하는 부모의 태도에 공부하기도 전에 답답하고 자신도 없어져요. 공부는 자신감이 반인데 어려서부터 꺾인 자신감을 회복하는 일은 여간 힘든 게 아니죠.

엄마 아빠 혹은 형 누나는 공부를 잘하는데 유독 한 자녀는 그렇지 못한 경우가 있어요. 이런 아이들은 공부하지 않는 것으로 부모의 기대를 꺾어 놓으려고 해요. 그러면 능력이 없어서가 아니라 노력하지 않은 게 되어 자존심 상할 일이 없어요. 아이들은 무의식적으로 최선을 다해 향상될 수 있는 기회를 거부해요.

'나는 공부를 잘했는데 얘는 왜 이러지' 이해가 안 되는 부모는 먼저 자신의 명문대 완장을 내려놓으세요. 자녀가 엄마 아빠를 의식해서 공부 이야기를 한다면 "지금 네가 하고 있는 공부가 우리 때보다 훨씬 더 어려운 것 같다"고 격려해 주세요. 최선을 다하면 된다고 부담을 덜어 주세요. 마음의 부담이 줄어야 공부가 주는 무게감을 견딜 수 있습니다.

아빠는 훈육에 개입하지 말고
피할 그늘이 되기

아빠와 아이의 격한 갈등은 가정 문제로 이어질 수 있어요. 가부장적이고 엄한 할아버지 아래서 자란 아빠는 사춘기 자녀의 반항을 받아들이기 힘들어요. 아이가 아빠의 권위에 도전하면 바로 잡아야 한다고 생각해 더 심한 말과 행동으로 제압하죠. 아이들은 마음에 큰 상처를 입어요. 사춘기 때 아빠에게 받은 상처가 치유되지 않아서 그 영향으로 평생 관계에 어려움을 겪는 일은 흔해요.

엄마와 더 많이 다투고, 더 심한 말을 주고받는데 유독 아빠의 심한 말이 상처로 남는 이유는 뭘까요? 아빠는 엄마만큼 자녀와

사춘기 멘탈 수업

보내는 시간이 길지 않기 때문이에요. 어릴 때 아빠는 놀아 주는 역할을 하죠. 자녀들에게 야단치는 엄마에 대한 면역은 있지만 항상 놀아 주고 좋은 역할만 했던 아빠의 심한 훈육에는 면역이 없어요. 그저 실망과 배신이 클 뿐이죠.

사춘기 자녀를 둔 아빠는 가급적이면 꼭 필요할 때만 나타나 수습해 주는 히든카드로 남아 주세요. 감정적으로 훈육에 개입하면 자칫 아이는 물론 아내와 큰 갈등을 겪을 수 있어요.

아빠는 피할 그늘로 남아 주는 것이 좋아요. 아이가 엄마와의 갈등으로 힘들 때 숨 쉴 곳, 위로받는 곳이 필요하니까요. 훈육할 때는 갑작스럽지 않게 깜빡이를 켜고 들어와 주세요. 엄마와 상의해서 자녀 현재 상황을 잘 파악하고 훈육해야 아이가 억울한 감정이 생기지 않고 아빠의 권위도 존중받아요.

사춘기 아이와 아빠 사이에 갈등이 생겼다면 아빠가 먼저 손 내밀어 주세요. 두 사람 모두 힘들고 마음이 풀리지 않았다면 엄마가 중재자로 서로를 이해시켜 주고 준비가 되었을 때 화해의 자리를 마련해 주세요. 자녀는 마음만 먹으면 아빠를 얼마든지 피해 다닐 수 있어요. 상처를 치료할 시간과 기회를 놓칠 수 있어요. 상처는 잘 치료해야 흉터가 남지 않아요. 관계는 서로 사과하고 이해해야 회복돼요.

엄마는 관계의 중립을 지켜야 한다는 점을 명심하세요. 중간에서 말을 전하는 메신저가 되면 안 돼요. 아이가 '엄마는 아빠 편이다' 혹은 '아내는 애들 편이지'라는 생각이 들지 않도록 사실만 객관적으로 말하고, 누구의 입장을 대신 설명해서는 안 돼요.

화해 자리는 상처의 깊이에 따라 여러 번 반복될 수도 있어요. 엄마의 노력으로 힘들다면 가능한 빨리 심리 상담 센터를 찾아 전문적인 도움을 받으세요. 가족의 상처는 시간이 지난다고 저절로 해결되는 것이 아닙니다. 각자 기억 안에서 왜곡되고 과장되어 더 깊은 상처와 오해로 남을 수도 있어요.

훈육은 짧고 단호하게
사과는 분명하게

"사춘기 시작하면서 하루도 안 싸운 날이 없어요. 매일 지겨워요. 처음에는 문 꽝 닫고 들어가는 게 시작이었어요. 그때 잡았어야 했는데 그럴 때니까 내버려 두고 아무 말 안 했더니 후회가 돼요. 혹시 가출이라도 할까봐 눈치보고 할 말도 참고 사는데 어제는 욕을 하는 거예요. 제가 몇 마디 했더니 방에서 나가라고 밀치더라고요. 너무 화가 나서 제 정신이 아니었어요. 꼭 미친 사람처럼 소리 지르고 휴대폰은 던져서 깨버렸어요. 그 사건 이후로 벌써 한 달간 서로 말을 안 해요."

'우리 집만 그런 게 아니구나.' 안도의 한숨을 쉬는 분도 있고

'저 정도는 아닌데 다행이다'라고 생각하는 분도 있습니다. 사춘 기를 심하게 겪는 아이들은 가족 관계에서 큰 갈등이 찾아옵니 다. 이런 가족은 크게 두 가지 유형으로 나뉩니다.

첫 번째 유형은 부모와 자녀 모두 '강 대 강 구조'예요. 부모가 권위적이고 '답정남녀' 스타일이죠. 아동기 때 순종적인 자녀가 사춘기에 심하게 반항하는 케이스입니다. 자녀들은 이미 부모가 답을 정했고 자기 의견은 매번 무시당하니 화가 나고 말이 안 통 한다고 해요. 부모 역시 말 자체를 듣지 않으려고 하니 무시당하 는 것 같아서 감정이 상한다고 하세요. 갈등이 심해지다가 서로 지쳐서 관계를 피하게 되면 평온해졌다는 착각을 해요. 이런 '가 짜 평화'는 결과적으로 대화를 단절시켜요.

두 번째는 자녀가 주도권을 갖고 부모가 따라가는 '뒤바뀐 위 계' 유형이에요. 가부장적이고 권위적인 부모 아래서 자란 부모 세대는 '친구 같은 부모' 신드롬에 빠지기 쉬워요. 친구 같은 부모 가 좋은 것 아닌가요? 반문할 수도 있어요.

친구 같다는 의미는 자녀가 속마음을 편하게 털어 놓을 수 있 고, 부모가 자녀의 눈높이를 맞춰 준다는 뜻이에요. 자녀에게 부 모와 동등한 권위를 준다는 의미가 절대 아닙니다. 부모가 자녀 와 동등한 입장이라면 가족 체계로 봤을 때 건강하지 못한 가족 구조입니다. 부모의 리더십이 결여된 상태로 자녀에게 동등한 권한을 주는 것은 자녀를 보호하거나 이끌지 못해 안정감을 주지 못합니다.

이런 부모는 사춘기 자녀가 반항하면 아이의 감정을 상하게 하지 않으려고 항상 맞춰 줍니다. 부모가 어려서부터 자율성을 준다는 명목으로 훈육할 일도 야단을 치지 않고 모든 결정 주도권을 넘겨 준 경우입니다.

부모는 친구가 아닙니다. 사춘기 부모는 자녀가 잘못한 일에는 야단을 쳐야 합니다. 자녀가 하기 싫어하는 일도 필요하다면 하는 쪽으로 이끌 수도 있어야 합니다. 어떤 부모는 아이와 사이가 나빠질까봐 훈육이 끝나고 곧장 가서 사과를 합니다. 야단과 사과가 바로 이어지면 자녀의 눈에는 부모가 잘못한 것으로 보이기 쉽고, 부모의 리더십이 손상됩니다. 훈육을 할 때 명백한 이유가 있다면, 이것은 부모로서 해야 할 일을 한 것이지 사과할 일은 아닙니다. 훈육 과정에서 부모가 자녀의 감정을 상하게 하고 상처를 줄 수 있지만 서로 신뢰한다면 회복할 수 있습니다.

부모가 자녀에게 상처를 주는 말을 했다면 미안하다고 정식으로 사과를 해야 합니다. 자녀 역시 부모에게 예의 없이 굴거나 심한 말을 했다면 부모에게 사과해야 합니다.

화해는 말로 직접 해야
관계가 회복된다

가족 갈등에서 가장 관계를 해치는 것은 서로 화해했다는 착각입니다. 싸우고 나서 말을 걸거나 잘해 주는 행동, 엄마라면 자녀가 좋아하는 음식을 해 주는 것을 화해로 착각할 수 있어요.

화해는 오해를 풀고 서로 용서하는 과정입니다. 반드시 정식으로 대화하는 자리를 갖고 직접 말로 사과해야 합니다.

관계가 악화되었다면 원인 파악이 우선입니다. 관계 악화에는 이유가 있습니다. 관계가 심각하게 안 좋다면 오래전부터 쌓였던 문제가 지금 터져 나온 것이지 사춘기 탓은 아닙니다.

겉으로는 부모 자녀 간 불화 문제로 보이지만, 그 근본 원인을

사춘기 멘탈 수업

찾아 보면 부부 문제일 수 있고, 가족 간 의사소통 문제일 수 있습니다. 의사소통을 할 때 상대가 가장 듣기 싫은 대화 주제가 무엇인지, 내 말투와 태도는 어떤지 살펴보기 바랍니다. 서로 자극하는 지점을 찾아서 고치면 감정이 상하지 않고 대화할 수 있습니다.

신뢰가 깨진 경우는 꽤 심각합니다. 서로의 말이 있는 그대로 들리지 않기 때문이에요. 부정적인 눈으로 보게 되니 상대의 모든 이야기가 처음부터 끝까지 기분 나쁘게 들려요. 서로에게 힘들고 곤욕스러운 일이에요. 심리 상담 전문가의 도움이 필요합니다. 전문가가 각자의 입장과 이야기를 정확히 듣고 어떻게 해석하는지, 어떤 마음 때문에 무의식적인 반응이 나오는지 분석하고 치료해야 신뢰를 회복할 수 있습니다.

세상에서 가장 가까운 가족이라서 당연히 이해해 줄 거라고 착각하지 마세요. 당연한 것은 세상에 없답니다. 소중할수록 가꿔야 하고 가까울수록 예의를 지켜야 하는 관계가 바로 가족입니다.

단답형 대답도 괜찮다
대화를 이어 가자

부모가 묻는 말에 사춘기 자녀가 매번 대답을 안 한다고 속상해 하는 경우가 많습니다. 아이는 대답을 했다고 하는데 누가 맞는 걸까요? 답의 기준을 부모가 정하면 안 됩니다. 가족 간 대화는 끊기고 관계만 악화될 뿐입니다.

부모와 사춘기 아이의 입장 차이가 가장 많은 지점이 대화입니다. 부모는 대답을 하지 않았다고 하는데 아이는 말을 했다고 합니다. 누구의 말이 맞는지 이걸 가지고 다시 실랑이하면 싸우게 돼요. 상담자로서 부모와 아이를 만나 보면 양쪽 다 맞는 말을 합니다. 서로 화가 날 만하다고 느껴져요. 이유는 부모는 주관식으

사춘기 멘탈 수업

로 물었는데 자녀는 단답형으로 답하기 때문입니다. 결과적으로 둘 다 옳은 이야기이니 두 사람이 싸우면 부모는 화나고, 자녀는 억울합니다. 매번 싸우다 지쳐서 대화를 그만두고 감정의 앙금만 남아요.

부모가 묻는 말에 자녀들 대부분은 단답형으로 짧게 답합니다. 부모 입장에서 처음엔 이해가 되지 않겠지만 받아들여야 합니다. 아이가 부모가 원하는 기준의 분량만큼 말하지 않았다고 해서 대답을 안 한 게 아니니까요. 자녀가 성의 있게 주관식으로 답을 해야 소통을 하고 있다는 생각이 들 수 있습니다. 자녀의 대답은 단답형이라 부모가 듣기에 기대에 못 미쳐요. 불완전하고 만족스럽지 않습니다.

아이들이 'YES or NO'로 답할 수 있게 단답형으로 여러 번 물어봐 주세요. 단답형으로 대답할 수 없는 것이나 자녀의 답이 마음에 들지 않는다면 그때 자녀가 정확한 의견을 말하고 생각할 수 있는 시간을 주세요. 빨리 생각해 내지 못해 "몰라"를 반복하면 즉답이 아닌 기한을 주고 이후에 답을 들으세요.

이렇게 해도 자녀와 대화가 개선되지 않는다면 자녀와 부모의 의사소통 태도에 문제가 있는지 살펴봐야 합니다. 자녀의 태도 문제는 불러도 대답을 하지 않거나 아이 방에까지 들어가서 이야기하는데도 돌아보지 않고 핸드폰만 보는 경우입니다. 이런 태도는 내용과 상관없이 상대의 감정을 상하게 합니다. 부모 자녀 관계뿐 아니라 대인관계에도 부정적인 영향을 미칠 수 있어 고치는 것이 바람직해요.

훈육 방법은 '지금-여기' 시점에서 자녀의 태도를 지적하는 것입니다. 얼굴을 보고 집중해서 대화하도록 알려 주고 다음에 지켜지는지 여부도 확인해야 합니다.

부모의 의사소통 태도의 문제 중 하나는 엄마가 집안일을 하면서 소리로만 이야기하는 행동입니다. 멀어서 아이가 정확히 듣지 못하고 되묻는데 엄마는 큰 소리로 계속 혼자 말합니다. 대면하지 않고 큰 소리로 말하면 상대방에게 화내는 것으로 전달될 수 있어요.

부모가 용건이 있으면 반드시 노크를 하고 대면으로 정확하게 이야기해 주세요. 성격이 급해서 결론만 이야기하거나 자녀 사정을 듣지 않고 행동만 강요하면 안 됩니다. 할 수 있는지, 동의하는지 아닌지 의견을 묻고, 자녀가 동의하면 할 수 있는 방법으로 일을 수행하게 범위를 정해 주세요.

현실적인 행동 팁입니다. 아이의 방에 불쑥 들어가지 말고 거

사춘기 멘탈 수업

실과 같은 중립적인 공간에서 대화하세요. 10대 청소년 자녀에게 방은 '자기 공간'의 의미가 있습니다. 가족이라도 갑자기 들어가면 아이는 그 자체를 간섭과 침범으로 느끼기 쉽습니다. 자극이 되어 짜증스런 반응과 거친 행동을 불러일으킬 수 있습니다.

부모 성향에 따라 의사소통 과정에서 마음이 상하거나 오해가 생길 수도 있습니다. 부모가 성격이 급하고 이성적이면 짧게 이야기하고 결론을 빨리 말하라고 독촉합니다. 마음이 약한 자녀는 불안하고 주눅이 들어요. 사람은 불안한 감정이 들면 감정에 압도되어 사고 능력이 떨어져서 빠르고 정확한 답을 할 수 없어요.

아이의 말을 중간에 끊고 조언하지 않도록 주의해 주세요. 부모의 성격이 급해서 일 수도 있지만, 갱년기 증상으로 아이의 이야기를 다 들어줄 인내력이 부족할 수도 있어요. 부모는 핵심을 간결하게 말하고 싶은 의도였지만, 자녀는 자신의 이야기를 존중받지 못한다고 느껴요. 무시를 당한 경험이 될 수 있습니다. 그러면 자녀는 주로 단답형 대답하고 긴 대화를 먼저 피해서 소통이 어려워진다는 점을 기억해 주세요.

소통하는 대화로
합의점을 찾자

신중하고 조심스러운 부모는 말을 빙빙 돌려 표현하거나 했던 말을 여러 번 확인할 수 있어요. 아이들은 부모의 이야기를 잔소리로 듣고 집중하기 힘들어요. 부모의 의도는 마음 상하지 않게 이야기하려는 좋은 뜻이지만 아이들은 이해하지 못해요. 오히려 좋은 말로 시작해 부모가 원하는 것을 강요하는 패턴으로 받아들여서 신뢰감이 떨어지고 심한 경우 위선적으로 느껴요.

부모의 감정이나 원하는 바를 솔직하게 이야기하고 자녀의 반응을 물으세요. 혹시 아이의 마음이 상하더라도 바로 알 수 있으니 오해가 쌓이지 않고 즉각 대처가 가능해요.

사춘기 멘탈 수업

이상적으로 좋은 말만 하는 부모는 아이를 지치게 할 수 있어요. 현실감 없는 이상적인 요구를 하면 자녀는 답답함과 짜증이 쌓여요. 부모의 말이 이상적이어서 반박할 곳이 없으니 잘못은 온전히 자녀의 몫이 되죠. 겉으로 나이스하고 이성적으로 보이지만 결과는 가장 심각할 수 있어요. 부모 스스로 잘못된 의사소통을 인지하지 못하고, 자녀도 반박할 수 없으니 계속 반복하면서 관계가 손상되죠.

'이상적인 목표를 잡는 게 뭐가 나쁘죠?' 반문할 수 있는데 자녀 입장에서 보면 현실을 반영하지 않는 이상 추구는 부모 자녀 모두의 기대와 만족감을 채울 수 없어요. 좌절과 실패를 반복할 수밖에 없고 결국 자존감을 떨어뜨려요. 내향적인 아이들은 '내가 못나서 그렇다'고 스스로 비난하며 우울해지고, 외향적인 아이들은 부모와 말이 통하지 않는다고 갈등하다가 대화를 단절할 수 있어요.

사춘기 자녀와 부모는 대화 단계를 넘어 소통을 추구해야 하는 시기입니다. 대화를 했다고 소통이 된 건 아니에요. 소통은 의사전달 외에 '막힌 것을 뚫는다'는 뜻이 있어요. 청소년 자녀는 주관이 생겨서 자기 입장을 주장하기 때문에 부모와 생각이 달라요. 대화도 소통을 위한 방법으로 바꾸는 것이 바람직해요.

소통을 위한 대화는 합의점을 찾는 것이 목표입니다. 서로 입장을 경청해서 상대방 입장을 이해하는 것이 먼저죠. 이제까지 하던 대로 '부모가 선택한 것은 옳다'는 전제가 아닌 옳은 이유를 설명해 줘야 해요. 자녀 역시 무조건 싫다고 할 게 아니라 싫은 이유를 부모에게 설명할 수 있어야 해요. 이 단계에 이르면 '서로 다름'을 인정할 수 있습니다. 부모와 자녀가 원하는 최선이 안 되더라도 차선책으로 합의하고 목표를 달성할 수 있습니다.

부모의 스킨십도
아이의 의사를 존중하기

"다 큰 아들이 팬티만 입고 돌아다녀서 보기 싫어요. 여동생이 볼까봐 자꾸 옷 입으라고 잔소리하게 돼요. 예전엔 귀여워서 자주 뽀뽀도 하고 안아 주고 했는데 갑자기 커 버렸어요. 아들이 저를 안는데 '징그러워' 하면서 저도 모르게 밀어냈어요. 이제 말도 안 하고 살갑던 모습이 사라졌어요. 아이에게 상처를 준 걸까요?"

"평소 딸 바보, 아빠 바보로 사이가 좋았던 부녀였어요. 주말에 아빠가 딸아이랑 장난치면서 안았는데 딸이 밀치면서 하지 말라고 화를 냈어요. 당황한 남편은 어찌할 바를 모르고 섭섭하다는데 중간에서 난처하네요."

"성교육은 동성 부모가 하는 게 좋은가요? 나이는 몇 살이 적기일까요? 이야기 장소는 어디가 좋을까요? 어디까지가 말해 주는 게 좋을까요?"

사춘기가 되면 가정에서 아빠와 아들이 서로 소원해집니다. 성별 차이 없이 그저 귀엽기만 했던 아이들이 부모의 성별에 따라 내외해요. 이건 부모도 마찬가지죠. 위 사례 아이들은 초 5, 6학년인데 사회 통념상 '어린이'에 속하죠. 남자 아이는 본인이 생각하기에 아직 어린이인데 갑자기 엄마가 내외하니 서럽고 속상했겠죠. 예고도 없이 엄마가 심리적으로 아직 어린 아들을 남성으로 대한 것이죠. 여자 아이는 아빠가 보기엔 아직 예쁜 꼬마인데 아빠를 밀어내니 섭섭할 수 있죠. 이것은 반대로 아빠가 스스로 여성이라고 생각하기 시작한 딸을 아이처럼 대해서 발생한 사례입니다. 사춘기 부모는 이제 성별 없이 아이를 대하는 것을 삼가야 해요. 아이와 스킨십을 하고 싶다면 의사를 묻고 존중해야 해요.

사춘기 즈음 되면 아이들은 학교에서 성교육을 받아요. 부모 세대와 달리 요즘 아이들 성교육은 유치원 때부터 시작해요. 어린이 성범죄 예방 차원이고, 타인이 몸을 만지는 것에 대해 민감하게 반응하도록 가르치죠. 예민해진 아이들은 어려도 귀엽다고 쓰다듬는 행동을 싫어하고 확 피하는 경우도 많아요. 사춘기 때 성교육은 2차 성징, 몸의 변화, 성관계, 자위, 성 문제 예방에 대한 내용입니다.

> "요즘 애들 안 가르쳐도 자기들이 더 잘 알아요. 어려서부터 성교육
> 도 많이 받아서 가르칠 필요 없어요."

"아이들은 어디에서 성교육을 잘 받았을까요?" 질문을 바꿔
서 하면 부모님들도 '아차' 하세요. 학교 성교육은 예나 지금이나
집중하고 제대로 듣는 학생이 많지 않으니 안 가르쳐도 알 수 있
는 경로는 '불법 음란물'이에요. 성교육을 해야 하는 시기는 정해
져 있지 않지만, 초등학교 4~6학년 사이가 좋다고 생각해요. '아
하! 서울시립청소년성문화센터'에서 출판한 『안녕, 나의 사춘기』
라는 학습 만화책 활용도 좋아요. 이 책은 남녀 모두 2차 성징, 몸
의 변화를 아이들 입장에서 표현해서 공감이 가요. 부모가 궁금
한 점을 추가로 답해 주거나 덧붙이면 자연스럽게 성교육을 시킬
수 있어요. 책이 기본적인 이야기라면 남녀에 따른 맞춤 성교육
은 부모가 시켜야 해요.

딸의 성교육은 생리와
성 문제를 따로 말하기

딸의 성교육은 현실적이고 일관성 있는 메시지가 필요해요. 여자 아이들은 생리를 시작 즈음 엄마가 딸들에게 성교육을 시켜요. 요즘 엄마들은 '생리'를 시작하면 성인 여성의 역할을 할 수 있게 된 것이니 축하해 주어야 한다고 배워서 많이 실천하세요.

예나 지금이나 변하지 않은 점이 있어요. 여성은 스스로 몸의 안전을 지켜야 한다는 부담과 성 문제에 대한 두려움을 동시에 심어 주는 거예요. 성교육의 시작부터 이중 메시지가 전달돼요. 현실적으로 생리는 여성에게 마냥 좋은 일은 아니에요.

사춘기 멘탈 수업

특히 또래보다 초경을 일찍 시작한 아이들에겐 부끄럽고 힘든 일이죠. 일상생활에서 불편할 수 있지만 여자라면 누구나 하는데 먼저 시작했을 뿐이라고 이야기해 주는 게 바람직해요. 생리와 성 문제는 별도예요. 두 가지를 붙여서 메시지를 전달하지 말고, 한 번에 하나씩 알려 주세요. 생리는 몸에 대한 변화 위주로 교육해 주세요.

생리와 성교육을 같은 날 한꺼번에 몰아서 이야기하지 않으면 됩니다. 성 문제에 대해 유의할 점은 다른 날짜를 정해서 대처 방식 위주로 알려 주면 여성으로서 불필요한 피해 의식과 두려움을 갖지 않게 됩니다.

아들에겐 포르노와 자위의
유해성을 알린다

아들 성교육은 포르노나 자위에 대한 현실적인 조언이 도움이
돼요. 아빠들은 아들에게 성교육을 하라고 아내가 부탁하면 "원
래 남자들은 다 그래, 나도 그랬어"가 흔하게 돌아오는 대답입니
다. 원래 남자들은 그렇다는 말에는 포르노, 자위는 당연한 것이
라는 의미가 들어 있죠.

'당연한 것'이 '좋은 것'을 의미하는 것은 아니에요. 정신 건강
면에서 '포르노'는 아이들에게 해롭기 때문이에요. 아들이 포르
노로 성을 처음 접하거나 자주 보면 어른이 되어서 성생활이 만
족스럽지 않을 수 있어요. 포르노는 매우 극단적이고 사회 규범

사춘기 멘탈 수업

에서 벗어나는 경우가 많아요. 극한 자극을 추구하려니 사회적인 금기와 가학 등을 소재로 써요.

성생활의 만족은 신체뿐 아니라 감정의 교감인데 중요한 축 하나를 배우지 못하게 돼요. 사랑을 기반으로 한 관계가 아닌 자극을 추구하는 쪽으로 변질돼요. 성생활에 만족하지 못하고 성인이 돼서도 불법 음란 사이트를 끊지 못할 수도 있어요. 자위에 대한 현실적인 조언은 '하지 말라'가 아닌 위생적 방법으로 꼭 필요할 때 하라고 가르쳐 주세요.

자위를 스트레스 해소 방법으로 사용하는 남학생들이 있는데 처음부터 안 된다고 가르쳐 주세요. 스트레스와 자위가 연결되면 자위의 강도가 높아져 몸을 상하게 할 수도 있어요. 자위가 더 이상 나를 만족시키는 자극이 아니라면 이른 나이에 성관계를 시도하게 되고, 이 과정에서 불미스러운 사건이 일어날 수도 있어요.

게임 중독은 질병으로
진단하고 치료받기

유튜브 방송 중에 〈영국남자〉라는 채널이 있어요. 영국의 남자 고등학생들이 한국에 수학여행을 와서 체험하는 편이 있어요. 학생들이 PC방 체험하는 장면을 보고 있는데 직업병 때문인지 게임 문제로 상담받는 아이들이 문득 떠올랐어요. 영국 고등학생은 게임을 대체로 하지 않는다고 해요. 이유는 PC방도 없고 한국 아이들이 자주 하는 전략 게임도 영국에서는 프로게이머만 하는 것으로 알고 있더라고요. 영국 학생들은 게임에 비교적 노출되지 않는 환경에 있는 거죠.

우리나라는 누구나 마음만 먹으면 쉽게 게임을 접할 수 있어

사춘기 멘탈 수업

요. TV를 틀면 게임광고가 나오고 PC방은 세계 최고 수준에 어딜 가나 게임할 수 있는 천혜 환경이에요. 최근 조사를 보면 우리나라 10대 청소년의 75퍼센트가 게임을 하고 그중 25퍼센트가 중독이 의심되는 심각한 수준이라고 해요. 부모도 아이도 게임의 심각성을 모르고 허용했다가 사춘기가 되면 문제가 커져요.

사춘기 아이들이 게임에 특히 취약한 이유는 무엇일까요?

사춘기는 쾌락을 느끼게 하는 도파민 수치가 가장 높은 시기예요. 뇌에서 시각 정보를 처리하는 부분이 집중적으로 발달하는 시기로 시각적 자극에 더 민감하게 반응해요. 여기에 공부 양이 많아지고, 처음 보는 시험에 스트레스와 좌절을 경험하니 우울한 감정을 자주 느끼죠. 아이들은 불쾌한 감정이 들면 즉각적인 보상 쾌락이 주어지는 게임에 쉽게 과몰입 하고 논리적인 판단 기능이 아직 발달 중이어서 이성의 힘으로 자제력이 떨어져요.

사춘기 자녀의 게임은 어디까지 허용하고 어떤 상황을 위험 신호로 봐야 할까요?

"뭐하나 보면 휴대폰 게임, 틈만 나면 PC방, 게임만 아니면 아들 야단 칠 일이 없을 텐데. 점점 심해져요. 게임 못하게 인터넷 다 끊고 아빠가 컴퓨터도 가져가 버리니까 불 같이 화를 내더라고요. 자기

할 일을 다 하고 하는데 무슨 상관이냐고요. 제가 볼 땐 제대로 한 것도 없이 시간 때우기로 학원 가는 게 다예요. 친구도 안 만나고 운동도 안 하고 게임만 해요. 못하게 하면 난폭하게 돌변하는데 어쩌죠?"

게임에 빠진 아이는 대부분의 시간을 게임에 할애해요. 게임 하는 시간이 점점 더 늘어나고 있죠. '내성'이 생기고 있는 단계예요. 이전과 같은 수준의 시간으로 만족감을 느끼지 못해 게임 시간이 점점 늘어날 수밖에 없어요. 심하면 수면 시간도 줄이고, 식사 시간에도 게임을 하죠. 게임을 중단하게 했을 때 불같이 화를 내고 힘들어 하는 것은 '금단' 증상입니다. 온종일 게임 생각을 하고, 게임 외에 즐거운 것이 없고, 게임을 하지 않으면 불안하고 초조해져 견디기 힘들어요.

중독을 의심할 수 있는 신호는 게임 시간이 점점 늘어가는 것, 게임을 중단하게 했을 때 화를 내거나 불안, 초조함을 보이는 모습입니다. 스스로 게임을 조절할 수 없는 상태라는 것을 의미해요. 이런 모습이 관찰된다면, '게임 중독'을 의심해 볼 수 있고, 전문가를 만나 치료를 받아야 합니다.

아이들이 정신을 차리고 공부 동기가 생기면 게임 중독에서 벗어날 수 있을 것이라고 생각해서 공부 압박 수위를 높인다면 사실상 부작용이 더 큽니다.

'게임 중독'은 의지의 문제가 아닌 질병으로 접근하는 것이 바람직해요. 중독은 쾌락을 주고 중단했을 때 고통스러운 금단 증상이 있기 때문에 당사자는 끊을 동기가 없는 것이 특징입니다.

게임 중독에서 벗어나려면 가장 필요한 것은 게임을 멀리할 동기를 찾는 일입니다. 단계적으로 볼 때 게임의 유해성과 해악성을 아이가 우선 자각해야 합니다. 보통 상담은 마음의 동기가 생겨서 깨닫고 행동을 수정하는데 중독은 행동을 고치면서 동기를 찾아가는 어렵고 긴 싸움입니다. 국가 지원을 받은 전문 기관인 한국정보화 진흥원의 '스마트 쉼터'에서 운영하는 각종 프로그램과 가정 방문 상담, 청소년 미디어 중독 예방 센터, 서울시 아이윌 센터 등에서 도움을 받을 수 있습니다. 이외 각 지역 청소년 센터와 사설 상담심리센터, 신경정신과에서도 전문적인 진단과 상담이 가능합니다.

게임 중독 전 단계는 게임 시간이 늘어나고 스트레스 해소를 위한 수단이 게임에 한정된 상태입니다. 현실적으로 청소년의 게임을 막을 방법은 없습니다. 어디에서나 마음만 먹으면 게임을 할 수 있으니까요. 무조건 게임을 못하게 금지하는 것은 효과적이지 않아요. 게임은 허용하되 부모와 서로 협의해서 게임 시간을 정해야 합니다. 자극 강도를 줄여가야 하므로 한 번에 많은 시간을 허용하지 않아야 해요.

자녀가 약속을 지키지 못할 때 체벌이나 심한 야단은 효과적이지 않아요. 체벌은 아이에게 상처를 주고 스트레스를 높이니 게임에 대한 욕구가 더 강해질 수 있어요. 부모가 아이를 야단쳐도 무시당하면 부모의 리더십이 손상을 입습니다. 이로 인해 다시 갈등이 심해져 싸우면 약속 자체가 깨어질 수 있어요. 약속을 안 지키면 다시 약속을 하기까지 많은 시간과 노력이 소요되니 주의해야 해요. 다음에 게임 시간을 줄이는 처벌로 약속 불이행에 대한 책임을 지게 하세요.

게임 중독에서 벗어나려면 가족 모두의 노력이 필요해요. 게임 환경 노출을 줄이기 위해 필요에 따라 게임하는 아빠, 형, 동생 모두 게임 중단을 선언하고 가정에서 실천해야 해요. 게임을 끊는 과정에서 아이가 다양한 형태의 스트레스 해소법을 가질 수 있게 도와주세요. 다른 취미 갖게 하거나 교우관계를 지원하는 방법도 필요합니다. 게임에서 벗어나 신나고 즐거운 활동에 몰입할 수 있는 계기를 만들어주세요. 게임 디톡스 환경을 장시간 유지시킬 수 있는 여행이나 캠핑과 같은 야외 활동도 효과적이에요.
20년간 중독 장애를 치료해 온 미국의 임상심리학자인 필립

플로레스는 『애착 장애로서의 중독』이라는 책에서 중독을 애착 문제라고 진단했어요. 중독은 감정 조절 및 스트레스 관리와 상관이 깊은데 이 모든 것이 가정에서 학습되고 공급되기 때문이에요. 사춘기 자녀와 게임 문제로 갈등하고 있다면 자녀가 게임을 줄일 수 있도록 시간 계획을 세우고 가능하다면 시간을 함께 보내세요. 게임 중독을 치유하고 예방하는 가장 근본적인 방법은 부모의 관심과 사랑입니다.

사람 대 사람으로
이해하고 화해하자

아이들은 엄마가 사람이기 전에 엄마인 줄 알아요. 왜 그렇게 생각할까요? 엄마의 역할만 주목하기에 한 인간이라는 사실을 잊은 채 살아갑니다. 엄마도 감정적으로 힘들고 상처받는 존재입니다. 부모 자녀 사이도 사람 대 사람의 관계라는 걸 알려 줘야 합니다.

자녀의 사춘기가 현재 진행형이든 아직 오지 않았든 부모 입장에서 사춘기는 반갑지 않습니다. 알 수 없는 막연한 두려움의 대상입니다. 엄마들은 조금이라도 달라진 눈빛과 태도를 보이면 사춘기 아닌가 겁부터 먹고 선배 엄마의 조언을 구하거나 온라인

사춘기 멘탈 수업

커뮤니티를 찾아 정보 사냥에 온 힘을 쏟아요.

사춘기를 대처하기 어려운 이유는 내 자녀, 부모인 나에 대한 파악에서부터 시작하지 않고 솔루션을 찾아 헤매기 때문입니다. 사춘기는 변화 중인 자녀만의 일이 아닌 부모와 가족의 문제입니다. 사춘기에 자녀만 흔들리는 것이 아니에요. 부모도 중년기를 경험하며 흔들리고 있기에 불안정하기는 마찬가지입니다.

중년 부모는 노화를 몸으로 느끼는 갱년기에 접어듭니다. 체력이 예전 같지 않은데 노부모에 청소년 자녀 학습까지 몸이 열 개라도 부족할 만큼 바쁩니다. 엄마는 자녀를 키우면서 느꼈던 보람이 사춘기 반항으로 사라지고 자녀를 위해 빼곡하게 채워진 스케줄에 정작 자신을 위한 시간은 없음을 깨달아요. '내가 뭐하고 있나' 존재감이 흔들려요.

회사에서 높아진 지위만큼 스트레스가 늘어난 아빠는 퇴근 후에 환한 미소로 반겨 주는 아내와 자녀의 얼굴을 볼 수 없어요. 아이의 학원 시간에 맞춰 가족이 저녁밥을 따로 먹게 돼요. 바쁜 아내와 아이 뒷모습에 익숙해지죠. '내가 돈 버는 기계인가' 섭섭한 마음에 별일도 아닌 일에 화가 터져 나오거나 혹은 무관심으로 가족과 자연스레 멀어집니다. 중년 부모는 채워지는 에너지는 없이 힘을 써야 하니 마음이 소진되어 상처받기 쉬운 상태가 됩니다.

　사춘기 자녀의 무관심함과 예의 없는 태도에 부모도 많이 상처받을 수 있다는 점을 아이가 깨닫게 해주세요. 부모는 부모 이전에 '사람'이니까요. 자녀들은 부모를 '부모 역할'로만 생각하기 쉬워요. 엄마는 당연히 식사를 챙겨 줘야 하고, 학교 갈 수 있게 깨워야 하고 늦으면 엄마 탓인 냥 화내고 짜증내기 일쑤죠. 무슨 말만 하면 화를 내고 성의 없이 대답하는 것을 '사춘기' 때문이라 변명할 수도 있어요. 사춘기는 몸이 자라는 만큼 마음도 자라야 해요.

　사춘기 자녀에게 가족 구성원으로 의무와 예의를 가르쳐 주세요. 자녀가 성장했음에도 가족 구성원으로 아동 상태에 머물러 있으면 부모의 지원은 당연하고 자신이 지켜야 하는 의무나 예의에 소홀하기 쉬워요. 자녀의 예의 없는 태도와 말투에 상처 입는다는 사실을 자녀에게 전달하세요. 나아진 반응에 대해 피드백해 주고 좋은 태도를 유지할 수 있게 칭찬해 주세요. 부모에게 무조건 의존하지 않고, 스스로 주장하고, 결정하게 도와주세요.
　자기주장을 할 때 감정적인 결정이 아닌 논리적인 이유가 있어야 하고, 이것을 부모와 공유하도록 가르쳐 주세요. 보통 사춘기부터 공부가 중요하고 바빠져 가족 구성원으로서 의무를 다 면제해 주는 부모가 있는데 아이의 긴 인생에서 바람직하지 않아요.

사춘기 멘탈 수업

공부는 학생으로서 스스로 감당해야 하는 책임이지 우대 조건이 아닙니다. 사춘기 공부는 좋은 어른으로 성장하기 위한 조건의 일부이지 전부가 아님을 잊지 마세요.

자녀와 좀 더 솔직한 대화를 하세요. 대화를 하다가 화내고 갈등이 생기는 것을 두려워하지 마세요. 사춘기 자녀와 부모 사이의 갈등은 가족 성장을 위한 훈련이니까요. 이 과정을 통해 가족 구성원의 역할이 성숙해집니다. 자녀들은 주관을 가지고 의사 표현하는 태도를 가정에서 배워야 해요. 순순히 부모가 이끄는 대로 맹목적으로 따르는 아동기 모습으로 자라면 자녀는 '마마보이, 마마 걸'이 됩니다.

아이는 부모와 싸움을 불사하고 치열하게 자기주장을 관철해서 이겨 보는 경험을 안전한 가정에서 제공받아야 합니다. 이는 자율적이고 단단한 성인으로 자라는 토양이 됩니다.

부모는 자녀의 의견을 수용하고 조율하는 새로운 부모 역할에 익숙해져야 합니다. 사춘기 부모는 상명하달 식 의사소통에서 벗어나 자녀를 관찰하고, 결정을 돕는 '멘토' 역할로 변화해야 해요. 부모 역할뿐 아니라 상담자, 친구, 교사 역할도 함께 할 수 있어요. 부모의 권위는 유지하되 권위적이지 않은 태도가 핵심입니다.

"저는 권위적이지도 않고, 아이와 충분히 이야기하고 있는데 관계가 좋지 않아요. 왜 그럴까요?"라고 묻는 부모가 있어요. 아이를 위해 자녀 교육 책도 열심히 읽었고, 친절한 말투로 아이와 많은 대화를 나누는데 이해가 되지 않고 의아하다는 분이 있었어요. 자녀는 부모가 자기 의견을 받아 주지 않고 싸늘한 분위기 속에서 집요하게 설득했다고 말해요. 같은 상황일지라도 부모와 자녀가 느끼고 경험하는 기억은 다를 수 있습니다.

부모의 권위를 유지한다는 것은 무엇일까요? 부모로서 일관성 있는 태도와 단호함으로 훈육하는 것입니다. 자녀와 갈등을 피하려고 눈치를 보거나 무조건 맞추는 태도는 바람직하지 않아요.

관계에서 누군가에게 맞춘다는 것은 불만이 있어도 참는다는 뜻입니다. 세상 어떤 사람도 끝까지 참을 수 없어요. 결국은 매번 불만으로 스트레스 쌓이고, 큰 화로 폭발해 관계가 손상됩니다. 부모도 사람이니 감정을 조절하지 못하고 화를 내서 자녀에게 상처를 줄 수도 있어요.

사람 대 사람으로 자녀에게 이해를 구하고 화해를 시도해 보세요. 부모가 솔직하고 인간다운 면을 보이는 것이 '권위는 유지하되 권위적이지 않은 모습'입니다.

사춘기를 건강하고 지혜롭게 잘 극복하는 비결은 가정에 있고 그 중심에는 부모의 역할이 있다는 점을 마음에 새기세요. 아낌없이 아이들을 사랑하고 지지하며 위로하고 격려해 주세요. 인생에 한 번뿐인 귀한 이 시기가 가족 모두에게 소중한 추억의 한 페이지가 되기를 바랍니다.

가족 멘탈 잡기

핵심 포인트

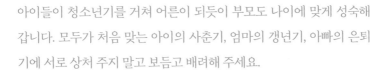

아이들이 청소년기를 거쳐 어른이 되듯이 부모도 나이에 맞게 성숙해 갑니다. 모두가 처음 맞는 아이의 사춘기, 엄마의 갱년기, 아빠의 은퇴기에 서로 상처 주지 말고 보듬고 배려해 주세요.

1 마음이 힘든 것이 꼭 우울하고 침울한 모습으로 표현되지는 않아요. 성향에 따라 '화'로 나타나기도 해요. 화는 마음속 깊은 슬픔이나 공허함일 수 있습니다. 엄마가 겉으로는 화를 내고 있지만 속마음은 자신도 모르게 울고 있는지 몰라요.

2 아이를 훈육할 때는 짧고 단호하게, 미안한 일은 정식으로 말로 직접 사과하세요. 친구 같은 부모는 속마음을 편하게 털어놓을 수 있고 눈높이를 맞춰 주는 것이지 절대 동등한 권위를 준다는 뜻이 아닙니다.

3 부모의 스킨십도 자녀의 의사를 먼저 묻고 존중해 주세요. 성교육의 시기는 개인차가 있지만 초등학교 4~6학년 사이가 좋습니다.

4 딸의 성교육은 생리와 성 문제를 같은 날 몰아서 이야기하지 말고 날짜를 구분해서 따로 말해 주세요. 그래야 불필요한 피해의식과 두려움을 갖지 않습니다.

5 아들에겐 포르노와 자위의 유해성을 알려 주세요. 스트레스 해소로 자위를 하면 강도가 높아져 몸이 상합니다. 자극에 더 이상 만족하지 못하면 어린 나이에 불미스러운 사건이 생길 수 있습니다.